Thomas Patalas

Guerilla Marketing – Ideen schlagen Budget

Auf vertrautem Terrain
Wettbewerbsvorteile sichern

Originelle und unkonventionelle Methoden

Kostengünstige und
aufmerksamkeitsstarke Kampagnen

Cornelsen

Verlagsredaktion: Christine Ewers
Layout und technische Umsetzung: Text & Form, Karon / Düsseldorf
Umschlaggestaltung: Magdalene Krumbeck, Wuppertal
Titelfoto: © Westermann, Picture Press

Informationen über Cornelsen Fachbücher und Zusatzangebote:
www.cornelsen-berufskompetenz.de

1. Auflage

© 2006 Cornelsen Verlag Scriptor GmbH & Co. KG, Berlin

Druck: CS-Druck CornelsenStürtz, Berlin

ISBN-13:   978-3-589-23500-1
ISBN-10:   3-589-23500-4

WENN IDEEN DAS BUDGET SCHLAGEN SOLLEN

Kommt dann dabei automatisch Guerilla Marketing heraus? Wohl kaum, aber irgendwie scheinen die beiden Begriffe doch etwas Symptomatisches für Guerilla Marketing an sich zu haben. Zum einen hängt es sicherlich damit zusammen, dass sich die Budgets für Marketing – wie immer in schlechteren wirtschaftlichen Zeiten – dem Rotstift unterwerfen mussten. Da damit jedoch nicht die Bedeutung und Notwendigkeit von Marketing reduziert werden konnte, bedurfte es eines Kompensationsinstruments, das es auch budgetschwachen Unternehmen erlaubte, ein finanziell abgespecktes, dennoch nicht weniger effektives Marketing zu betreiben. Und das war die erste Initialzündung zur Aktivierung von unternehmenseigenen Kreativressourcen, oder wie wir es nennen: den Ideen. Doch ist dies, wenn überhaupt, nur die halbe Ursache für Guerilla Marketing. Hinzu kommt, dass sich das aktuelle Werbe- und Kommunikationsverhalten von Unternehmen mittlerweile auf einen Nichtangriffspakt geeinigt zu haben scheint. „Bloß nicht auffallen", könnte die Devise lauten und so nähern sich Marketingkampagnen inhaltlich einander immer stärker an, bis sich auch die letzten Unterschiede, die den Kunden noch einen Wiedererkennungs- oder zumindest Identifikationsansatz ermöglicht hätten, etwas verlegen im großen Marketingeinheitsbrei auflösen. „Hast du schon diesen Werbespot mit den drei kleinen Schweinen gesehen? Mensch, total witzig." „Ja, aber von wem war der Spot noch mal?" „Keine Ahnung, Versicherung glaube ich, oder nein, warte, äh ..., Schokolade?" Und dieses Beispiel lässt sich dann auf sämtliche konventionellen Marketingbereiche übertragen. So bekommt jedes Unternehmen, das sich mit unkonventionellen Ideen aus diesem Marketing-Ruheraum verabschiedet, eigentlich eine Steilvorlage, um die Aufmerksamkeit seiner Zielgruppe zu erreichen und damit kaufentscheidende Impulse für sein Leistungsangebot zu setzen. Und damit ist unser Guerilla-Marketing-Geburtspuzzle eigentlich schon komplett. Ein kleines Budget mit umso mehr kreativen, unkonventionellen Ideen – das ist die Antwort von immer mehr kleinen und mittelständischen Unternehmen, die plötzlich die Chance wittern, auch vermeintlich übermächtigen Wettbewerbern mit – ungeachtet der mangelhaften Werbewirkung – großen Werbeetats ein Bein stellen zu können.

Mit diesem Buch möchte ich Ihnen anhand vieler Praxisbeispiele aufzeigen, wie auch Ihr Marketing mit einem kleinen Budget, aber dafür umso kreativer und kundenorientierter, zu einem erfolgreichen Guerilla Marketing werden kann. Ich wünsche Ihnen bei der Lektüre viel Spaß und viele gedankliche Kapriolen, die in Zukunft Ihr Marketing durcheinanderwirbeln werden.

Ein kleiner Dank zum Schluss:
Wenn man selbst tagtäglich an der Marketingfront im Einsatz ist und dann auch noch ein Buch schreiben soll, ist das nicht immer zeitlich kompatibel. Deshalb an dieser Stelle ein Danke an Ralf Boden vom Cornelsen Verlag Scriptor für sein Verständnis.

Vielen lieben Dank an meine Frau Corinna für ihr „Da-sein" wenn es mal schwierig wurde und für die „vielen guten Worte".

Herzlichen Dank an Michael Gandke, der beim Internet-Kapitel viele wertvolle Anregungen gegeben hat. Und ein herzliches „Moin" an Claas Thaden, dass er mich für eine längere Schreibperiode so gastfreundlich in seiner ostfriesischen Mühle untergebracht hat.

Mönchengladbach, im Frühjahr 2006   *Thomas Patalas*

DER AUTOR

Thomas Patalas, Jahrgang 1967, ist seit mehreren Jahren Lehrbeauftragter der Heinrich-Heine-Universität Düsseldorf und IHK-Dozent. Durch seine unkonventionellen Marketingmethoden ist er mit seiner 1999 gegründeten Agentur „MAKS – Marketing und Kommunikationsservice" Ansprechpartner für kleine und mittelständische Unternehmen. Zuvor war er Senior Consultant in einer Agentur für Stadtmarketing-Projekte, wo er Vermarktungskonzepte für Städte und Regionen entwickelt hat. Zur aktuellen Guerilla-Marketing-Diskussion hat Patalas seine individuelle Sichtweise des Themas in mehreren Aufsätzen veröffentlicht. Ebenso sind seine Tipps zum Guerilla Marketing für mittelständische Unternehmen in vielen Businesszeitschriften erschienen. Darüber hinaus hält der Mönchengladbacher Sozialwissenschaftler Vorträge über aktuelle Entwicklungen des Marketings und die damit verbundenen Chancen für den Mittelstand.

INHALT

1 ALLES GUERILLA ODER WAS?

Mal ehrlich, was haben Sie gedacht, als Sie den Begriff „Guerilla Marketing" das erste Mal gehört haben? Klang das für Sie nach einer seriösen Alternative zur Reichweitensteigerung Ihrer Marketing-Aktivitäten oder einfach nur nach einer neuen amerikanischen Marketing-Mode, angesiedelt irgendwo zwischen „Auffallen um jeden Preis" und „Hinterhältiger Werbung"? Beide Aussagen sind übrigens nicht von mir, sondern Zeitungsartikeln entnommen, die sich in wenig wohlwollender Weise des Themas angenommen haben.

Tatsächlich sorgt allein die Begrifflichkeit für eine öffentliche Diskussion, die dem Thema nicht gerecht wird. Mit Guerilla Marketing wurden (und werden noch immer) Aktionen und Kampagnen in Verbindung gebracht, die sich vor allem durch eins auszeichnen: Sie sind schrill oder laut, manchmal schockierend oder einfach nur witzig – aber in dieser Singularität haben sie mit Guerilla Marketing noch überhaupt nichts zu tun.

Der Begriff „Guerilla Marketing"

GUERILLA MARKETING IST EINE KOMBINATION AUS DIVERSEN MERKMALEN, DIE FÜR SICH ALLEINE DIE DEFINITIONSHÜRDE NOCH NICHT ÜBERWINDEN.

Unglücklicherweise variieren diese Merkmale abhängig von Unternehmensgröße, Branche und Adressatenkreis.

Sie sehen schon, Guerilla Marketing bleibt auf diffuse Weise begrifflich unfassbar, wirkt aber deswegen nicht schwammig. Es einfach nur als „irgendwie anders" zu bezeichnen, halte ich jedoch für zu simpel. Aber wenn es so schwierig ist, eine genaue Definition über das „Was" abzugeben, hilft vielleicht eine Annäherung über das „Was nicht".

Guerilla Marketing ist kein Erste-Hilfe-Koffer

Guerilla Marketing ist nicht dazu gedacht, marode Unternehmen kurzfristig wieder flott zu kriegen. Diese Fehleinschätzung hängt oft damit zusammen, dass viele Menschen nur die öffentlichkeitswirksamen, aufmerksamkeitsstarken Guerilla-Aktionen wahrnehmen. Doch das sind erstmal nur punktuelle Maßnahmen, die

a) nach wie vor in einem strukturierten Marketing-Kontext zu sehen sind und

b) das Ziel „Neukundenakquisition", das sich Unternehmen in Schwierigkeiten in erster Linie erhoffen, nur in wenigen Fällen mit einer einzigen Kampagne erreichen.

Grundlagen: Analyse des Ist-Zustands und planvolles Handeln

Auch Guerilla-Marketing-Strategien bauen auf einer gründlichen Analyse des Ist-Zustands auf und verlangen ein kontinuierliches, planvolles Handeln. Es hat nichts mit Erleuchtung zu tun, die Ihnen nach der Lektüre dieses Buches plötzlich am Küchentisch oder unter der Dusche kommt, und die nach einer raschen, so gut wie kostenlosen Umsetzungsphase, die Kunden in Scharen zu Ihnen kommen läßt.

Es gibt in diesem Zusammenhang ein sehr schönes Zitat von Thorsten Schulte, dem Betreiber des Guerilla-Marketing-Portals im Internet und Fachkollege im Guerilla-Marketing-Blog: *„Wer glaubt, man schmeißt ein paar Guerilla-Ideen in einen Kochkessel, gibt noch ein paar leckere Zutaten wie ein paar wenige Goldtaler und eventuell noch die drei aktuellsten Artikel aus der „Marketing-Think-Different-Abteilung" hinzu, rührt dann kräftig um, und schon läuft die erfolgreichste Guerilla-Kampagne aller Zeiten ganz von alleine ab, der sollte aufpassen, dass er sich nicht schnell die Zunge verbrennt."*

So, jetzt haben Sie zumindest schon mal eine Ahnung, was Guerilla Marketing nicht ist. Aber hilft Ihnen das jetzt auch weiter? Eigentlich wollten Sie doch nur wissen, ob, und wenn ja, wie die Guerilla-Marketing-Methode geeignet ist, um Ihr Marketingbudget zu entlasten und trotzdem neue Kunden zu erreichen. Und genau das scheint der ungewöhnliche Name ja zu versprechen.

Unklare Begrifflichkeit

Das Dumme ist nur, dass so viele unter diesem Namen etwas anderes verstehen. Dabei kann ich mich auch des Eindrucks nicht erwehren, dass dieses Babylon des Marketings einigen selbst ernannten Marketing-Gurus gar nicht so unrecht ist, im Gegenteil, ihnen sogar ganz gut in den Kram passt. Denn mit neuen Managementmethoden lassen sich nicht nur hervorragend Bücher und Seminare verkaufen, man kann damit auch stets aufs Neue den Eindruck hervorrufen, endlich die Eier legende Wollmilchsau gefunden zu haben, die der Wirtschaft volle Auftragsbücher garantieren soll.

Vielleicht ist das auch der Hauptgrund, weshalb ich mich entschlossen habe, meine eigene Sichtweise des Guerilla Marketings in diesem Buch zu formulieren. Diese Sichtweise wurde durch keine Theorie geformt und durch keine Marketingmode beeinflusst oder gestört, sie wurde einzig und allein durch meine langjährige Tätigkeit als Berater von kleinen und mittelständischen Unternehmen geprägt. Aus diesem Grund stammen auch die meisten Beispiele in diesem Buch aus meiner eigenen Praxis. Nicht, weil ich damit meine Berater-Eitelkeit befriedigen möchte (glauben Sie ihm kein Wort, er ist durch und durch eitel, Anm. des Über-Ichs), sondern weil ich dabei auch etwas zu den Hintergründen der jeweiligen Kampagne erzählen kann; weil ich weiß, aufgrund welcher Voraussetzungen im Unternehmen, in der Zielgruppenstruktur und im eigenen Leistungsangebot es ausgerechnet zu dieser oder jener Guerilla-Marketing-Kampagne gekommen ist. Eines war jedenfalls allen Kampagnen gemein:

Beispiele aus der Praxis des Autors

SIE HATTEN KEIN REICHHALTIGES MARKETINGBUDGET UND MUSSTEN DIES DURCH ANDERE FAKTOREN WIE KREATIVITÄT, ORIGINALITÄT, SCHNELLIGKEIT USW. KOMPENSIEREN.

Das „usw." bedeutet, man musste mit dem operieren, was einem zur Verfügung stand. Das kann eine ganze Menge sein, wenn man die Fähigkeit nutzt, dies auch zu erkennen. Mir hätte es daher auch sehr gefallen, wenn man diesen Ansatz das MacGyver-Marketing genannt hätte, vielleicht wäre dann vieles deutlicher geworden. Auch unser Serienheld überraschte durch kluge Situationsanalysen, geschicktes Kombinieren, überraschendes Auftauchen und Verschwinden und die originelle Verwendung von häufig unbedeutenden, aber eben gerade zur Verfügung stehenden Ressourcen. Und dieses unkonventionelle Handeln baut stets auf einer breiten, wissenschaftlichen Theorie-Basis auf.

„MacGyver-Marketing"

Dieses Vorgehen von MacGyver lässt sich eigentlich eins zu eins auf unser Guerilla Marketing übertragen:

AUCH GUERILLA MARKETING BAUT AUF DEM BEKANNTEN MARKETING-MODELL AUF UND ERGÄNZT ES AUF KREATIVE UND ORIGINELLE WEISE DURCH EIN STARK KUNDENZENTRIERTES VERHALTENSGITTER.

Der Kunde als Partner

Und der Kunde ist in unserem Fall nicht der König, sondern Ihr Partner, der Ihnen genauso viel geben kann wie Sie ihm. Aber nur einem Partner kann man gleichberechtigt in die Augen schauen, um dann zu wissen, was er von einem erwartet. Das wird bei einem König, zu dem man nur demütig heraufschauen kann, schon etwas schwieriger. Ein König wird Sie auch nur in seltenen Fällen wahrnehmen.

ABER IM WERBEDSCHUNGEL, WO JEDER JEDEN ANSCHREIT, FALLEN SIE EBEN NUR DANN AUF, WENN SIE GUTE IDEEN HA-BEN, DIE IHRE KUNDEN DIREKT ANSPRECHEN.

Und das auch nur auf eine originelle, zu Ihren Kunden passende Art und Weise. Bitte diesen Tipp mit all den Tipps, die in diesem Buch noch folgen, einmal kräftig schütteln, und Sie sind bestens vorbereitet, um mit cleveren und unkonventionellen Methoden auf Kundenfang zu gehen.

Aus der Praxis für die Praxis

Dieses Buch ist keine Marketing-Enzyklika mit allgemein gültigem Anspruch, sondern soll Anreiz sein, sich mit dem Thema Marketing und seiner aktuellen Streitaxt, dem Guerilla Marketing, auseinander zu setzen. Suchen Sie selbst nach der für Sie maßgeschneiderten Idee, aber suchen Sie nicht zu lange, denn dann könnte Sie Ihr Wettbewerber schon überholt haben. Entscheiden Sie daher schnell, welche Guerilla-Kriterien für Sie eine besondere Wirkung und eine besondere Bedeutung ausüben, und vor allen Dingen, welche zu Ihnen und Ihren Kunden

Maßgeschneiderte und zielgruppenadäquate Kampagnen

passen. Erst dann sollten Sie mit Ihrem individuellen Mix an Guerillawaffen eine kreative, zielgruppenadäquate, aufmerksamkeitsstarke und kaufmotivierende Kampagne zu starten.

Ist dieses Buch für Sie das richtige?

Immer mehr bedeutende Markenartikler machen mit Guerilla-Marketing-Aktionen auf sich und ihre Produkte aufmerksam. Wie kann ich als kleines Unternehmen mit einem kleinen Budget noch Aufmerksamkeit erreichen, wenn die großen Unternehmen bereits mit der gleichen Waffe operieren?

Dazu lässt sich Folgendes sagen: Natürlich ist das Gewinnen von Aufmerksamkeit sehr wichtig. Aber es ist bei weitem noch nicht das Ende Ihrer Guerilla-Marketing-Aktion. Erst wenn Sie die Aufmerksamkeit Ihrer Zielgruppe erreicht haben zeigt sich, ob Sie die Kampagne ausreichend geplant haben oder ob Sie sich mit der Aufmerksamkeit Ihrer Kunden zufrieden geben. Wenn Sie zum letzten Punkt tendieren, denken Sie daran, dass Sie mit Aufmerksamkeit allein noch kein Produkt verkauft haben.

Gerade kleineren Unternehmen bietet Guerilla Marketing darüber hinaus ein wesentlich größeres Handlungsspektrum an. Ob es um Schnelligkeit, Flexibilität oder Improvisation geht – in all diesen Belangen sind sie den großen Unternehmen überlegen.

Flexibles Werkzeug insbesondere für kleinere Unternehmen

GUERILLA MARKETING KANN DAHER IHRE CHANCE SEIN, UM IN EINEM SICH STÄNDIG WEITER VERSCHÄRFENDEN WETTBEWERB OHNE DICKES MARKETING-PORTEMONNAIE, ABER DAFÜR MIT UMSO MEHR IDEEN BESTEHEN ZU KÖNNEN.

Tipp zur Handhabung des Buches

Eigentlich ist das Buch so aufgebaut, dass es auch in der vorgegebenen Reihenfolge gelesen werden sollte. Wenn Sie die Grundlagen des Marketings schon verinnerlicht haben, ist es nicht schlimm, wenn Sie das zweite Kapitel überspringen. Aber beschweren Sie sich nachher nicht, Sie hätten von bestimmten Dingen nichts gewusst. Vielleicht schauen Sie vorsichtshalber doch mal hinein – es könnte ja der eine oder andere nützliche Hinweis enthalten sein.

Wenn es dann mit dem Guerilla Marketing losgeht, ist das dritte Kapitel als Startblock unvermeidbar. Dort klären wir unser gemeinsames Verständnis von Guerilla Marketing ab. Wenn wir dann in der gleichen Sprache reden, gehen wir ins Detail. Obwohl wir auch schon vorher ins Detail gehen, insbesondere wenn Praxisbeispiele vorgestellt werden. Aber ab dem vierten Kapitel wird es nicht nur detailliert, sondern auch richtig konkret.

Die beiden letzten Kapitel (also Kap. 4 und 5) sind genauso konzipiert wie eine Guerilla-Marketing-Kampagne: Irgendwie bezieht sich alles aufeinander und lädt zum „Kapitel-Hopping" ein. Vor und zurück. Eigentlich eine endlose Dauerschleife, bis Sie irgendwann mal entscheiden abzuspringen – mit Ihrer fertigen Guerilla-Marketing-Kampagne.

„Es war nicht so gemeint ..."

Wenn man ein praxisorientiertes Buch schreiben will, dürfen natürlich auch die entsprechenden Praxisbeispiele nicht fehlen. Wie im richtigen Leben sind es auf der einen Seite nachahmenswerte Beispiele und auf der anderen Seite Beispiele aus der Kategorie „Das war wohl nichts". Beide haben den gleichen hohen Stellenwert für den Lernfortschritt und dürfen daher auch in diesem Buch nicht fehlen. Wenn die Urheber der zweiten Kategorie der Meinung sind, völlig falsch interpretiert worden zu sein, nun, dann dürfen sie sich in ihren Büchern mit meinen Beispielen revanchieren. Das hat nichts damit zu tun, dass es in der Regel Großunternehmen sind, deren Art von Werbung geradezu danach schreit, in die Top Ten der „Langweiliger geht's nun wirklich nicht"-Werbehitparade aufgenommen zu werden. Sollten diese Unternehmen mir dann auch noch eine besondere Lust am Sezieren ihrer Marketingschwächen unterstellen, muss ich das natürlich beinahe entrüstet von mir weisen. Letztlich müssen wir ihnen ja sogar dankbar sein, denn wenn sie in den letzten Jahren nicht so einen sozialistisch anmutenden Gleichklang in ihr Werbeverhalten gebracht hätten, würden wir uns heute wahrscheinlich nicht über Guerilla Marketing unterhalten. Also, liebe Globalplayers, nehmt's leicht und glaubt mir, es ist wirklich nicht böse gemeint ...

2 MARKETING, WAS IST DAS EIGENTLICH?

Keine Angst, ich werde jetzt keinen breit angelegten Diskurs über Marketing, das Universum und den ganzen Rest beginnen. Ich werde Ihnen auch nicht vorschlagen, sich mit einem kiloschweren Standardwerk das nächste Wochenende zu versüßen.

Dennoch, wenn Sie sich ernsthaft mit Guerilla Marketing beschäftigen möchten, sollten Sie zumindest von den grundlegenden Marketingbegriffen schon mal etwas gehört haben. Denn eines gleich vorweg: Guerilla Marketing kann und will das „klassische" Marketing mit seinen grundlegenden Theorien nicht verdrängen. Es soll vielmehr eine zeitgemäße Ergänzung des klassischen Marketinginstrumentariums darstellen, wobei die grundlegenden „Vorarbeiten" zur Entwicklung einer Guerilla-Marketing-Strategie durch die bewährten Marketing-„Basics" erbracht werden.

Guerilla Marketing – eine zeitgemäße Ergänzung des klassischen Marketings

Also möchte ich zunächst damit beginnen, Ihnen einen Überblick über die wesentlichen Merkmale des Marketings zu geben. Aber vorher sollten wir mit einem gängigen Denkfehler aufräumen:

MARKETING IST NICHT DAS GLEICHE WIE WERBUNG!

Auch wenn Sie jetzt womöglich ungläubig schmunzeln – Sie glauben ja gar nicht, wie weit verbreitet diese Ansicht ist. Und genau aus diesem Grund sind viele Selbstständige der Meinung, dass sie mit dem Verteilen von Flyern und dem Schalten von Zeitungsanzeigen bereits ihr Marketing-Soll erfüllt haben. Wenn ihnen dann aber nach diesen Aktionen die Kunden nicht in Scharen zulaufen, meinen sie auch schnell, die Schwachstelle in ihrer Unternehmensführung ausgemacht zu haben: genau, das vermeintliche Marketing. Und wenn das Marketing derart ineffizient und außerdem auch noch so kostenintensiv ist, dann kann man ja in Zukunft bestimmt gleich ganz darauf verzichten.

Auf was dann aber tatsächlich verzichtet wird, möchte ich Ihnen auf den folgenden Seiten aufzeigen.

2.1 Die wichtigsten Eckpfeiler Ihres Marketings

Marketing-Mix Wenn Sie schon mal etwas vom Marketing-Mix mit seinen Komponenten

- Preis
- Produkt
- Distribution
- Kommunikation

gehört haben, umso besser. Wenn nicht, bleibt mir mit den Worten „auch nicht schlimm" nur der Verweis auf die einschlägige Grundlagen-Literatur.

2.1.1 Die Kombination der Marketing-Komponenten

Mit den vier oben genannten Marketing-Komponenten und den dazu gehörenden Instrumentarien können Sie Ihren individuellen, nach eigenen Unternehmensprioritäten gewichteten und in unterschiedlichsten Kombinationen möglichen Marketing-Mix zusammenstellen. Sie gehen dabei auf die spezifischen Bedürfnisse Ihrer Kunden an Ihr Leistungsangebot ein und legen eine Strategie fest, um diese Bedürfnisse mithilfe der Mix-Komponenten umfassend zu befriedigen.

Welche Aspekte bei den einzelnen Marketing-Komponenten zu beachten sind, zeigt folgende Übersicht. Eine genaue Erläuterung der vier Komponenten folgt dann im Anschluss.

Produktpolitik
- Design
- Qualität
- Eigenschaften
- Verpackung

Preispolitik
- Verkaufspreis
- Ratenzahlung
- Bonusprogramme
- Rabatte

Marketing-Mix

Distributionspolitik
- Standort
- Absatzwege
- Logistik
- Distributionskanäle

Kommunikationspolitik
- Klassische Werbung
- Verkaufsförderung
- PR
- Internet

Abb. 1 Instrumentarien der Marketing-Komponenten

PRODUKTPOLITIK

Hier legen Sie fest, mit welchem Leistungsangebot Sie Ihren Zielmarkt bedienen wollen. Dabei gehen Sie davon aus, dass nach Ihrem Leistungsangebot in seinen verschiedenen Ausprägungen hinsichtlich Design, Eigenschaften usw. eine zur Sicherung Ihrer Existenz ausreichende Nachfrage besteht.

Das Leistungsangebot für den Zielmarkt festlegen

ACHTEN SIE BEIM WARENEINKAUF, EINER MARKTEINFÜHRUNG ODER PRODUKTMODIFIKATION DARAUF, DASS SIE DAS PRODUKT NICHT NUR DESHALB ANBIETEN, WEIL ES IHNEN GEFÄLLT.

Ich will bestimmt nichts gegen Ihren Geschmack sagen, aber da es hier um Ihren geschäftlichen Erfolg und damit um nichts Geringeres als Ihre Existenz geht, sollten Sie sich vorher vergewissern, dass andere, nämlich Ihre potenziellen Kunden, Ihr Leistungsangebot genauso schätzen werden wie Sie.

BEISPIEL: DINGE, DIE DIE WELT NICHT BRAUCHT

Auf einer Existenzgründermesse sprach mich ein angehender Jungunternehmer an meinem Stand an, um mir seine Geschäftsidee vorzustellen. Er wollte ein völlig neues Produkt auf den Markt bringen, also etwas, was es in der Form noch nie gegeben hat und deshalb seiner Meinung nach schon in den Bereich „Erfindung" gehört, weshalb er auch schon Kontakt mit dem Patentamt ... und so weiter, und so fort.

Die Nachfrage richtig einschätzen

Ich will Sie nicht länger auf die Folter spannen, der junge Mann hatte vor, einen Mülleimer in Serie zu bringen. Zuerst dachte ich, er wolle sich einen Scherz mit mir erlauben. Aber dann musste ich feststellen, dass er es wirklich ernst meinte. Nein, er glaubte nicht, dass er soeben den Mülleimer erfunden hätte, dann hätte ich ihm schon diverse staatliche Gesundheitseinrichtungen zur Unterbringung empfohlen. Stattdessen glaubte er, dass die Welt auf seinen „Mülleimer fürs Auto" gewartet hat. Bei seinen Ausführungen machte er auch deutlich, warum. *„Denken Sie doch mal an Ihr Auto"*, meinte er zu mir. Da fliegt kein Müll rum, lautete meine knappe Antwort. *„Aber wie schnell kann das passieren"*, versuchte er aufzutrumpfen, *„Sie kommen von McDonald's oder der Pizzeria oder Ihre Frau hat Schnupfen und muss dauernd neue Papiertaschentücher benutzen oder ..."*

Ich wollte mir nicht ausmalen, wie es in seinem Auto aussieht, aber der junge Mann zwang meine Fantasie geradezu, sich auszutoben. Um das Bild von der mobilen Müllkippe so schnell wie möglich wieder loszuwerden, gab ich ihm den Tipp, einfach mal den Besucherparkplatz der Messe aufzusuchen und unter den dort abgestellten Autos nach potenziellen Kunden zu suchen. Und anschließend könnten wir uns dann gerne weiter über seine Idee unterhalten. Glücklicherweise kam es dazu nicht mehr.

Auch wenn das ein drastisches Beispiel ist: Viele Selbstständige schätzen aufgrund der eigenen Präferenzen die Nachfragesituation auf ihrem Zielmarkt nicht richtig ein.

Vor der Produkteinführung　　　**P R A X I S**

Informationen über die Zielgruppe sammeln

Sollten auch Sie gerade dabei sein, Ihr Leistungsangebot zu verändern oder zu ergänzen, versuchen Sie, so viele Informationen wie möglich zu sammeln, um anschließend mit an Sicherheit grenzender Wahrscheinlichkeit eine ausreichende Nachfrage nach Ihrem Produkt prognostizieren zu können. Das dafür erforderliche Instrumentarium stellt Ihnen das Marketing zur Verfügung.

PREISPOLITIK

Den Preis für ein Produkt oder eine Dienstleistung richtig einschätzen

Was ist es Ihrem Zielmarkt wert, Ihr offeriertes Leistungsangebot in Anspruch zu nehmen und mit welchen Bedingungen und Konditionen können Sie diese Entscheidung zu Ihren Gunsten beeinflussen?

Wenn Sie die Antwort auf diese Frage kennen, kann Ihnen bei der Gestaltung beziehungsweise Gewichtung dieser Komponente kein Fehler unterlaufen. Leider ist das Verfahren der Wertzuschreibung bei Ihren Kunden so komplex und vielschichtig, dass selbst sie, Ihre Kunden, das nicht mehr so genau verstehen und heute so und morgen genau anders entscheiden. Ziemlich entmutigend, oder? Und bei den Dienstleistungen wird es erst richtig kompliziert. Wie will man den Kunden den Wert einer immateriellen Dienstleistung erklären, also einer Sache, die man nicht sehen kann? Gar nicht. Der Kunde erklärt es Ihnen selbst, und zwar indem er einmal kommt und dann wiederkommt oder wegbleibt. Gerade deshalb sind Sie – nicht nur im Dienstleistungsbereich – darauf angewiesen, die Meinung Ihrer Kunden zu Ihrem Leistungsangebot kontinuierlich zu erfragen. Wenn Ihre Kunden eine hohe Meinung von Ihrer Leistung haben, kann an Ihrer Preisgestaltung nicht viel verkehrt sein – ansonsten würde dies in der Preis-Leistungs-Berechnung Ihrer Kunden sofort in Form der genannten Kauffrequenz zum Ausdruck kommen.

Die Meinung der Kunden zu Ihrem Leistungsangebot erfragen

FRAGEN SIE NIEMALS DIREKT NACH AKZEPTANZ ODER ZUFRIEDENHEIT MIT IHRER PREISGESTALTUNG!

Erstens sollten Sie keine schlafenden Hunde wecken, indem Sie Ihre Kunden zu einem Diskurs zur Preisgestaltung einladen, den diese selbst niemals eingeleitet hätten. Und zweitens: Was würden Sie denn antworten?

Wenn Sie erfahren wollen, was Ihre Kunden über Ihre Preise denken, versuchen Sie es über Umwege in Erfahrung zu bringen. Allgemeine Fragen zur Zufriedenheit, zum Leistungsangebot oder der Klassiker, *„Was können wir verbessern?"*, führen beinahe automatisch zum Thema Preisgestaltung, wenn der Kunde damit nicht zufrieden ist.

Damit Sie – insbesondere zu Beginn Ihrer Selbstständigkeit – bei Ihrer Preisgestaltung einen Anhaltspunkt haben, sollten Sie sich zunächst an den Preisen Ihres Wettbewerbs orientieren, nach oben oder unten korrigieren können Sie dann später immer noch. Aber warten Sie nicht zu lange damit. Wenn Sie zu viel Zeit verstreichen lassen, haben sich Ihre Preise bereits etabliert. Eine Preiserhöhung können Sie Ihren Kunden dann nur noch mit erheblichem Legitimationsaufwand erklären.

Die Preise des Wettbewerbs können als Orientierung dienen

DESHALB IST ES BESONDERS WICHTIG, DASS SIE MIT EINEM PREIS BEGINNEN, DER ZUMINDEST IHRE KOSTEN ABDECKT UND AUCH EINEN KLEINEN GEWINN ERWIRTSCHAFTET.

Stellen Sie daher Ihre gesamten Kosten in einer Tabelle zusammen und kalkulieren Sie, welchen Preis Sie für das jeweilige Produkt oder die jeweilige Dienstleistung nehmen müssen. Vergleichen Sie anschließend diesen Preis mit denen des Wettbewerbs. So verhindern Sie, dass Sie zu viel oder zu wenig verlangen, aber mindestens doch das bekommen, was Sie benötigen.

DISTRIBUTIONSPOLITIK

Die Kunden müssen Ihre Leistungen problemlos in Anspruch nehmen können

Sorgen Sie dafür, dass Ihre Kunden Ihr Leistungsangebot in Anspruch nehmen können, ohne dafür irgendwelche Barrieren überwinden zu müssen. Das beginnt bereits bei der Wahl Ihres Standorts. Selbstverständlich ist es für Sie eine feine Sache, wenn ein Büro oder Ladenlokal günstig zu mieten ist, aber trotzdem sollten Sie dabei berücksichtigen, ob Sie dort für Ihre Zielgruppe gut zu erreichen sind. Wenn beispielsweise in der Mehrzahl ältere Leute zu Ihrer Zielgruppe gehören, ist eine Anbindung an den öffentlichen Personennahverkehr sinnvoll. Sind Sie auf ein Laufpublikum angewiesen, sollten Sie sich nicht abgelegen in einer Nebenstraße befinden. Und wenn Sie sich mit Ihrem Angebot an ein gehobenes Publikum richten, kann ein Standort im Bahnhofsviertel schnell zu Vereinsamung führen.

ACHTEN SIE DAHER BEI DER WAHL IHRES STANDORTS NICHT NUR AUF DIE LAGE, SONDERN AUCH AUF DAS UMFELD.

Geschäftliches Umfeld passend zum Leistungsangebot

Versuchen Sie, ein geschäftliches Umfeld zu identifizieren, das Sie durch Ihr Leistungsangebot komplementär ergänzen können. Nehmen Sie auch dafür die Kundenperspektive ein. Kunden lieben kurze Wege, und wenn Sie neben einem Käseladen den passenden Wein anbieten, sind Sie Ihrer Zielgruppe schon einen großen Schritt entgegengekommen.

ABER AUCH DER FAKTOR ZEIT SPIELT EINE GROSSE ROLLE BEI DER DISTRIBUTIONSPOLITIK.

Öffnungszeiten

Und damit kommt man unweigerlich zu einem der am meisten kontrovers diskutierten Themen im Einzelhandel, den Öffnungszeiten. Wir werden an dieser Stelle aber nicht die Diskussion fortführen, sondern lediglich die Frage ansprechen, welches Zeitfenster innerhalb der gesetzlichen Öffnungszeiten für Sie das richtige ist. Das richtige ist es dann, wenn es mit den zeitlichen Bedürfnissen und Erwartungen Ihrer Zielgruppe übereinstimmt. Dafür müssen Sie natürlich Ihre Zielgruppe und den dazu gehörenden Tagesablauf kennen. Denn dann wissen Sie sowohl, wann Sie öffnen und schließen können, als auch, wann welches Produkt spätestens in den Regalen zu stehen hat.

Doch nicht nur im Einzelhandel ist Zeit häufig der maßgebende Faktor bei Kaufentscheidungen. Wenn Sie aufgrund von produktionstechnischen Abläufen einen Liefertermin erst in vier Wochen garantieren können, Ihr Wettbewerb jedoch schon nächste Woche, sind Sie eindeutig im Nachteil. Ähnliches gilt für Logistik-Schwächen.

Logistik

So schickte mir ein Großhändler für Bürobedarf, dessen Filiale nur fünf Autominuten von mir entfernt ist, einen Katalog ausschließlich für Internetbestellungen zu. Die Angebote waren preislich sehr attraktiv, und so schickte ich einen größeren Auftrag über das Internet ab. Nach einer Woche kam eine Teillieferung, nach zwei Wochen ein Entschuldigungsschreiben, und nach vier Wochen hatte ich immer noch nicht alle Artikel. Natürlich rief ich in der Zentrale an und erkundigte mich nach dem Grund für die Verzögerung. Dabei stellte sich heraus, dass in Hamburg ein zentrales Sammellager für alle Bestellungen, aber auch für die jeweiligen Artikel eingerichtet wurde. Und von dort aus gehen diese Artikel dann per Kurierfahrzeugen zu den Kunden. Nicht nur, dass in der Auftragsabwicklung alles drunter und drüber ging, die Produkte wurden dann noch auf eine mehrere hundert Kilometer lange Reise geschickt. Unnötig zu erwähnen, dass ich mittlerweile lieber direkt zur Filiale fahre, als den preislich vorteilhafteren Weg über den Online-Shop zu wählen.

Fassen wir also noch einmal kurz zusammen:

DAS ZIEL DER DISTRIBUTIONSPOLITIK BESTEHT DARIN, DASS IHRE ERREICHBARKEIT SOWOHL ZEITLICH, GEOGRAFISCH ALS AUCH VIRTUELL OPTIMAL AUF DIE BEDÜRFNISSE DER ZIELKUNDEN ABGESTIMMT IST.

Dazu gehört aber auch, dass Ihr Leistungsangebot in ausreichender Menge und einwandfreiem Zustand verfügbar ist.

KOMMUNIKATIONSPOLITIK

Mit dieser Komponente verfolgen Sie nicht nur eine aufklärerische Funktion über die besonderen Eigenschaften Ihres Leistungsangebots, sondern versuchen gleichzeitig, eine kaufstimulierende Wirkung bei Ihrer Zielgruppe zu erzeugen. Dafür steht ein großer Werkzeugkoffer bereit, der Ihnen die dafür möglichen Instrumente zur Verfügung stellt:

Die Zielgruppe durch die richtige Kommunikation zum Kauf stimulieren

Instrumente der Kommunikationspolitik	INFORMATION

- Klassische Werbung: Anzeigen, Broschüren, Kataloge, Plakat- und Kfz-Werbung, Beilagen, Radio-Spots usw.
- Public Relations
- Events
- Direktmarketing
- Internet
- Verkaufsförderung

Kommunikationspolitik muss individuell gestaltet werden

Da wir im weiteren Verlauf unserer Reise durch das Guerilla-Marketing-Land diesen Instrumenten in unterschiedlichster Ausprägung noch begegnen werden, belasse ich es hier erst einmal bei der Aufzählung. Zu erwähnen ist jedoch, dass die Auswahl, Kombination, Intensität und Gestaltung dieser Instrumente nur von Ihnen abhängt. Weder im klassischen Marketing und erst recht nicht im Guerilla Marketing finden Sie eine Universalschablone für Ihre Kommunikationspolitik. Wenn Sie es richtig machen wollen, suchen Sie auch gar nicht erst nach einer Schablone, sondern gehen Sie ganz individuell auf die spezifischen Eigenschaften und Bedürfnisse Ihrer Zielgruppe mit den dazu passenden Kommunikationsinstrumenten ein.

Der Marketing-Mix sollte laufend optimiert und angepasst werden

Wenn Sie Ihren Marketing-Mix zusammengestellt haben, bedeutet das nicht, dass er jetzt, fest in Grund und Boden betoniert, für immer die Auffahrt zu Ihrem Unternehmen zieren darf. Überprüfen Sie seine Bestandteile stets auf ihre Wirkung und Effektivität und halten Sie dabei die Kosten im Blick. Fragen Sie sich auch bei vermeintlich wirkungsvollen Instrumenten, insbesondere im Bereich Kommunikationspolitik, ob es nicht günstigere Alternativen geben könnte, die den gleichen Erfolg erzielen würden.

BETRACHTEN SIE IHREN MARKETING-MIX ALS DAUERBAUSTELLE, DER SICH GEMÄSS DEN WANDELNDEN BEDÜRFNISSEN UND EINSTELLUNGEN SEINER ADRESSATEN IMMER WIEDER AUFS NEUE EINSTELLEN MUSS.

Da wir uns bald rein pragmatisch und für Ihre Zwecke sofort einsetzbar mit Guerilla Marketing beschäftigen wollen, werde ich Ihnen zunächst verschiedene andere Facetten des Marketings vorstellen, um noch stärker auf die Vielseitigkeit dieses Instruments der Unternehmensführung einzugehen.

2.1.2 Marketing ... betont Ihre betrieblichen Stärken

Fragen Sie sich doch mal, was Sie, verglichen mit Ihrem Wettbewerb, richtig gut können. Was ist das Besondere an Ihren Fähigkeiten oder an Ihrem Angebot, das bei Ihren Kunden letztlich den Ausschlag für die Kaufentscheidung gibt?

Sehen Sie, da fängt es schon an! Viele Selbstständige sind in ihrem Job richtig gut, die wenigsten wissen jedoch, warum.

DIE FÜR DAS MARKETING WESENTLICHE FRAGE IST: IN WELCHEM PUNKT SIND SIE WIRKLICH UNSCHLAGBAR?

Auf welche Stärken kann das Marketing zurückgreifen, um Ihnen einen Wettbewerbsvorteil vor Ihren Konkurrenten zu verschaffen?

Wenn Sie das herausgearbeitet haben, haben Sie bereits die wesentlichen Grundlagen für ein erfolgreiches Marketing geschaffen. Denn nun können Sie das kommunizieren, was Ihre potenziellen Kunden hauptsächlich interessiert, nämlich warum sie ausgerechnet bei Ihnen kaufen sollen und nicht beim Wettbewerb. Und zu diesem Zweck stellen Sie in Ihren Marketingaktivitäten Ihre Stärken, oder bildlich gesprochen, Ihre Pralinen heraus, während Ihre Konkurrenz auf den Plätzchen sitzen bleibt.

Wettbewerbsvorteil formulieren durch Betonung Ihrer Stärken

Abb. 2 Stellen Sie Ihre Stärken heraus

Mögliche Stärken Ihres Unternehmens

Richtig interessant wird es, wenn es sich um Pralinen handelt, die nur Sie und keiner Ihrer Wettbewerber besitzt. Das kann Ihr Standort sein, wenn Ihr Restaurant direkt in einem Naherholungsgebiet liegt, oder Ihr Sportartikel-Geschäft vor dem Bundesleistungszentrum. Weitere Stärken können Ihr Fachwissen sein oder Ihre langjährige Erfahrung im Brunnenbau, die Sie in Uganda erworben haben. Aber auch die Tradition, der Name, kurz: die Bestandteile der Marke, zu der Ihr Unternehmen geworden ist, sind Stärken, mit denen man sich einen einzigartigen Wettbewerbsvorteil sichern kann. Und wenn man von Marken spricht, sind damit nicht automatisch nur Weltmarken wie Coca-Cola, Nivea oder Volkswagen gemeint.

ES GIBT DURCHAUS AUCH LOKALE MARKEN

Wenn wir als Jugendliche einen Schaden an unseren Fahrrädern hatten, gab es (nach eigenen erfolglosen Versuchen) nur eine Anlaufstelle weit und breit, nämlich den „alten Breuer". Bei ihm wussten wir unsere Räder in guten Händen, er arbeitete nicht nur besonders sorgfältig, sondern auch äußerst günstig, und wenn es seiner Meinung nach nur „Kinkerlitzchen" waren, mussten wir manchmal gar nichts bezahlen. Dieser Mann mit der kleinen Reparaturwerkstatt war eine Institution oder, wie wir heute sagen würden, eine Marke. Sie stand als Synonym für faire Preise, guten Service, garantierte Problemlösung, aber auch für Freundlichkeit, Verlässlichkeit und für die Möglichkeit, sich aufzuhalten und zu fachsimpeln.

WAS SIND IHRE STÄRKEN?

Ich bin sicher, dass Sie ebenfalls ein Beispiel für eine lokale Marke vor Augen haben, vielleicht sogar den eigenen Betrieb.

Um die eigenen Stärken zu erkennen, braucht es manchmal das Marketing. Um die eigenen Stärken Gewinn bringend einzusetzen, braucht es hingegen immer das Marketing. Das bedeutet jedoch keinesfalls, dass die Stärken die Schwächen überdecken sollen.

Analyse der Schwächen

SCHWÄCHEN SIND DAS ERSTE, WAS KUNDEN AUFFÄLLT, UND DAS LETZTE, WAS KUNDEN VERGESSEN.

Daher sollten Sie bei der Untersuchung Ihrer Schwächen sehr sorgfältig vorgehen, um sie dann im nächsten Schritt offensiv anzupacken. Beispiele für Schwächen brauchen wir hier gar nicht zu diskutieren – sie sind nicht einfach nur das Gegenteil dessen, was unter Stärken angeführt wurde, sondern stets das, was Sie im Vergleich zu Ihrem Wettbewerb weniger haben (Sortimentsauswahl bzw. Dienstleistungspalette), weniger können (Kompetenz), weniger leisten (Servicequalität), und was Sie dafür als Gegenleistung mehr verlangen (Preis).

	KUNDENRELEVANZ HOCH/NIEDRIG/ INDIFFERENT	BESSER ALS WETTBE- WERB	SCHLECHTER ALS WETT- BEWERB
Produkteigenschaften			
Standort			
Preis			
Serviceleistungen			
Garantiedauer			
Beratung			
Information			
Herstellungsdauer			
Image			
Bekanntheit			
Sortimentsbreite			
Sortimentstiefe			
Logistik			
Innovationskraft			
Personal			

Abb. 3 Checkliste: Wo liegen Ihre Stärken?

Schwächen durch Stärken kompensieren

WENN SIE IHRE SCHWÄCHEN KENNEN, SIND SIE AUCH IN DER LAGE, SIE DURCH STÄRKEN ZU KOMPENSIEREN.

Ein vermeintlich hoher Preis lässt sich durch ausgezeichnete Qualität legitimieren, ein ungünstiger Standort durch zusätzliche Serviceleistungen, fehlende Parkplätze vor dem Haus durch die Einrichtung eines Bringdienstes – die Aufzählung ließe sich endlos fortführen.

Festzuhalten bleibt, dass das Marketing Ihre Stärken und Schwächen nicht nur identifiziert, sondern sie in Arbeitsaufträge umformuliert und für Ihre Marketingmaßnahmen kommunizierbar macht.

2.1.3 Marketing ... findet Ihren Markt und richtet Ihr Angebot darauf aus

Definition des Marktsegments

Um unternehmerisch erfolgreich zu sein, sollten Sie genauestens wissen, in welchem Marktsegment Sie sich bewegen und in welchem Maße dieses Segment nach Produkten beziehungsweise Dienstleistungen verlangt, die Sie ertragsorientiert anbieten wollen. Erst dann sind Sie in der Lage, Ihr Angebot zielgenau zu planen und auszurichten. Ihr Marktsegment kann zunächst eine geografische Größe sein, d.h. dass Sie sich gegebenenfalls auf eine bestimmte Stadt oder Region konzentrieren, allein deshalb, weil Sie wissen, dass Ihre Kunden nur eine begrenzte Strecke zurücklegen wollen, um zu Ihnen zu kommen. Dies ist insbesondere im Grundversorgungsbereich der Fall, also bei Bäckern, Metzgern und ähnlichen Anbietern für den täglichen Bedarf.

Alle anderen Unternehmen müssen für die Identifikation ihres spezifischen Marktsegments weiter in die Tiefe gehen. Dazu spielen soziodemografische Faktoren eine Rolle, d.h.: Gibt es alters-, geschlechts- oder einkommensspezifische Unterschiede im Kauf- oder Verwendungsverhalten oder richtet sich das Angebot etwa ausschließlich an Hausbesitzer, Tennisspieler oder Amateurmusiker? Kommen als Käufer eher Hochschulabsolventen infrage, oder spielt der Bildungsgrad überhaupt keine Rolle?

JE MEHR KLASSIFIZIERENDE MERKMALE SIE IDENTIFIZIEREN, DESTO GENAUER KÖNNEN SIE SICH AUF DIE SPEZIFISCHEN (KAUF-) BEDÜRFNISSE IHRER ZIELGRUPPE EINSTELLEN.

	WIRD VON MIR BEDIENT	WIRD VOM WETTBEWERB BEDIENT	ERTRAGS-WAHRSCH. HOCH / MITTEL /GERING
Alter			
Schichtzugehörigkeit			
Best. Berufsgruppen			
Best. Freizeitgruppen			
Bevorzugt Natur-produkte			
Umweltbewusst			
Preisbewusst			
Qualitätsorientiert			
Markenorientiert			
Bewohner einer Stadt, Region			

Abb. 4 Klassifizierende Kunden-Merkmale, die für Ihr Angebot infrage kommen (können)

Die wichtigste Frage, die Sie sich dabei stellen, ist, mit welchem Leistungsangebot Sie die höchsten Deckungsbeiträge erzielen können. Für die Beantwortung greift das Marketing auf Marktforschungsinformationen zurück, schätzt Kaufwahrscheinlichkeiten, wozu Sie Ihre Erfahrungswerte beisteuern, berücksichtigt den Wettbewerb und den damit verbundenen Marktanteil und stellt dem Ergebnis die zu erwartenden Kosten gegenüber. Spätestens dann können Sie entscheiden, ob Sie mangels Rentabilität auf bestimmte Produkte verzichten oder ob Sie sie aus Imagegründen im Bestand halten sollten. Dann wissen Sie ebenfalls, welche Produkte Ihnen möglicherweise fehlen, um im Wettbewerb bestehen zu können. Um Guerilla-Marketing-Kampagnen erfolgreich planen zu können, sind aktuelle Marktinformationen unerlässlich.

Mit welchem Leistungsangebot können die höchsten Deckungsbeiträge erzielt werden?

JE NÄHER SIE AM MARKT „DRAN" SIND, DESTO EHER SIND SIE
IN DER LAGE, FLEXIBEL UND KURZFRISTIG AUF NEUE MARKT-
BEDÜRFNISSE ZU REAGIEREN.

Das Gleiche gilt für den umgekehrten Fall: Antworten Sie auf eine schwache Nachfrage mit „Rückzug" und nehmen Sie das Produkt vom Markt.

Möchten Sie sich ausführlicher mit diesem Thema beschäftigen, empfehle ich, als Einstieg die Suchbegriffe „Milieus Zielgruppen" in Internet-Suchmaschinen einzugeben.

BEISPIEL

Ein Dachziegel-Hersteller hatte die innovative Idee, einen Teil seiner Ziegel mit Solarzellen auszustatten. Damit lag er voll im Trend, denn die Nachfrage nach alternativen Energiequellen war groß, und dieses ressourcenschonende Angebot kam dem wachsenden Umweltgedanken gerade recht, sodass zusätzlich eine erhöhte Medienaufmerksamkeit zu erwarten war. Auch der bei Produktinnovationen oft entscheidende Faktor „Schnelligkeit" fand seine Anwendung, da unser Ziegelhersteller der Erste seiner Branche war, der Solarziegel anbieten konnte. Also wurde das Budget für Forschung und Entwicklung aufgestockt, ein entsprechender Marketingplan aufgestellt, und als das Produkt die Markttauglichkeit erreicht hatte, waren die (Umsatz-)Erwartungen groß. Doch der Solarziegel floppte. Der Verbraucher nahm das Produkt nicht an, sondern vertraute lieber weiterhin den herkömmlichen Solaranlagen. Eine Entscheidung, die mit rationalen Marktforschungsmethoden nicht nachvollziehbar war. Doch eines war dem Unternehmen sehr schnell klar: der Markt nimmt das Produkt nicht an, Nachbesserungen am Preis, am Produkt selbst oder am Vertriebsweg schienen nicht Erfolg versprechend – schließlich wurde der Solarziegel wieder vom Markt genommen.

Ein solcher Schritt hat absolut nichts mit Schwäche zu tun, sondern verkörpert die bereits angesprochene Flexibilität, die zum Grundwesen des Guerilla Marketings gehört:

LIEBER EINMAL MEHR DEN RÜCKZUG ANTRETEN, ALS EIN EIN-
ZIGES MAL DEN RÜCKZUG NICHT MEHR ANTRETEN ZU KÖN-
NEN!

Insbesondere asiatische Unternehmen haben dieses Prinzip verinnerlicht. Sobald der Zielmarkt signalisiert, dass bestimmte Produkte künftig nicht mehr profitabel abgesetzt werden können, ergibt sich daraus häufig – auch bei traditionellen, etablierten Produkten – ein entsprechendes Rückzugsszenario. So gibt beispielsweise der japanische Hersteller Konica Minolta sein traditionsreiches Kamerageschäft im Frühjahr 2006 auf und plant darüber hinaus auch einen sukzessiven Komplettrückzug aus dem Fotofilmgeschäft. Begründet wurde dieser radikale Schritt unter anderem damit, dass es für das Unternehmen insbesondere im digitalen Marktsegment immer schwieriger geworden sei, sich gegenüber der Konkurrenz zu behaupten. Offener kann man eigentlich kaum sein: Man hat es nicht geschafft, sich im digitalen Markt zu etablieren und reagiert außerdem auf den wegbrechenden Markt im Bereich filmbasierter Kameras. „Ich habe fertig" auf japanisch eben.

Manchmal ist ein Rückzug die richtige Konsequenz

Die Beispiele zeigen aber auch, dass alle Marktdaten, Trendprognosen, Analysen und Statistiken zusammen die Bedürfnisse Ihrer Kunden und das damit verbundene Kaufverhalten niemals vollständig erklären oder vorhersagen lassen. Lesen Sie diesen Satz ruhig noch einmal und dann am besten noch einmal, während Sie im Hintergrund den Chor der Marktforschungsinstitute, der Analysten und der Zukunfts-, Freizeit- und Trendforscher aufheulen hören. Gut, gönnen wir ihnen dieses Lied, und dann kümmern wir uns sogleich um denjenigen, der uns die verlässlichsten und aussagekräftigsten Informationen liefern kann, natürlich der Kunde. Das bedeutet nicht automatisch Kundenbefragung, sondern setzt wesentlich subtiler an:

Das Kundenverhalten lässt sich niemals 100%ig vorhersagen

Lernen Sie, Ihren Kunden zu lesen!

Beachten Sie dabei insbesondere folgende Aspekte:

Den Kunden „lesen"

- Hören Sie auf kritische Äußerungen Ihrer Kunden und nehmen Sie Verbesserungsvorschläge ernst.
- Achten Sie auf jede Äußerung, die sich auf Ihren Betrieb, Ihr Angebot, Ihre Serviceleistungen bezieht und ziehen Sie daraus die richtige Konsequenz.
- Reagieren Sie rechtzeitig auf Signale, die Ihr Kunde aussendet, etwa wenn sich sein Kaufverhalten plötzlich ändert.

- Fragen Sie sich, warum er auf einmal seltener kommt, bestimmte „Stamm"-Produkte nicht mehr nachfragt, das Kaufvolumen abnimmt – und dann fragen Sie ihn!

Sie erhalten damit Informationen aus erster Hand. Wenn es Ihnen gelingt, mit Ihrem Angebot adäquat darauf zu reagieren, vermeiden Sie nicht nur Verluste, sondern sorgen darüber hinaus durch die enge Ausrichtung auf Ihren Zielmarkt und seine spezifischen Bedürfnisse für eine weiterhin gewinnorientierte Existenz.

2.1.4 Marketing … öffnet Ihnen neue Vertriebswege

Wenn Sie Ihre Kunden auf herkömmlichem Wege nur noch schwerlich erreichen, sollten Sie ihnen einfach entgegengehen. Dass es dafür mit einer einfachen Änderung der Ladenöffnungszeiten in der Regel nicht getan ist, diese Erfahrung hat der Einzelhandel inzwischen auch gemacht. Aufgrund der Informationen, die Sie über Ihr Marktsegment besitzen, können klassische Vertriebswege durch alternative Marktzugänge ergänzt oder gar ersetzt werden. Die Formel dafür ist eigentlich ziemlich einfach:

Klassische Vertriebswege durch alternative Marktzugänge ergänzen

MACHEN SIE ES IHREN KUNDEN SO LEICHT WIE MÖGLICH, IHR ANGEBOT IN ANSPRUCH ZU NEHMEN.

Forschen Sie dabei nach möglichen Barrieren, die dem im Wege stehen könnten. Sobald Sie feststellen, dass es tatsächlich Vertriebshindernisse gibt, die Ihren Geschäftserfolg ernsthaft gefährden, sollten Sie sich Gedanken über alternative Vertriebswege machen. Das muss gar nicht immer automatisch das Internet sein, auch wenn sich immer mehr Konsumenten dieser Variante anvertrauen und noch mehr Unternehmen quer durch alle Branchen ihre Kunden dort suchen. Mit ein bisschen mehr Querdenken ergeben sich beinahe zwangsläufig neue Vertriebswege.

Doch dafür müssen Sie – auch wenn ich mich jetzt wiederhole – Ihre Zielgruppe genau kennen. Denn erst, wenn Sie wissen, wo sich Ihre Kundschaft aufhält, können Sie dorthin einen neuen Vertriebsweg einrichten.

Wissen, wo sich die Zielgruppe aufhält

Aber nehmen wir einen solchen Vorgang doch mal genauer in Augenschein:

Beispiel 1: Neue Vertriebswege durch eine Zielgruppen-
analyse erschliessen

- Problem

Die Kundschaft einer Damenboutique bestand zum Großteil
aus jungen Müttern mit kleinen Kindern. Während die Kinder
am Vormittag im Kindergarten oder in der Grundschule waren,
kümmerten sich die Mütter um den Haushalt oder gingen
einem Halbtagsjob nach. Während dieser Zeit kam ein Boutiquenbesuch nicht infrage. Wenn die Kinder nach Hause ka-
men, wurde Mittagessen gekocht, dann begleiteten sie die
Hausaufgaben oder betreuten die Kinder beim Spielen. Während dieser Zeit kam ein Boutiquenbesuch immer noch nicht
infrage. Ähnliches wiederholte sich am Abend: Essen, die Kinder ins Bett bringen – und dann war die Boutique geschlossen.
Die Boutique-Besitzerin konnte anbieten, was sie wollte, die
Klingel an der Ladentür blieb stumm.

Eine traurige Geschichte. O.k., vielleicht habe ich sie etwas
überzeichnet dargestellt, aber so werden die Probleme, die
dieser Zielgruppe einen ausgedehnten Aufenthalt in einer
Boutique erschweren, besonders deutlich. Und außerdem
gibt es ein Happy-End …

- Lösung

Die Inhaberin der Boutique hat kurzerhand ihr Ladenlokal auf-
gegeben, um fortan ihren Kundenstamm im Stil von Tupper-
partys zu Hause zu besuchen. Die jeweilige Gastgeberin erhält
das obligatorische Präsent und ist prozentual am Abendum-
satz beteiligt. Da die mit einem stationären Geschäft verbundenen Fixkosten entfallen, kann sie die Ware günstiger anbieten und damit zusätzliche Kaufanreize generieren. Die Gründe
für ihren Erfolg lagen aber eigentlich ganz woanders, denn erst
durch das Angebot, dass man abends oder am Wochenende im
Kreise von Gleichgesinnten im heimischen Wohnzimmer in aller Ruhe aussuchen und anprobieren darf, fand die Boutiquen-
besitzerin den zu ihrer Kundschaft passenden „Königs(-Ver-
triebs)weg". Weiter als in die eigenen vier Wände konnte die
ehemalige Boutiquenbesitzerin ihren Kunden wirklich nicht
mehr entgegenkommen. Doch erst die Analyse der Kunden-
bedürfnisse sowie die Identifikation von Marktbarrieren konnte eine solche Lösung hervorbringen.

*Zielgruppenspezifische
Geschäftsidee*

BEISPIEL 2: AUCH AUF DIE UMSETZUNG DER VERTRIEBSIDEE KOMMT ES AN ...

So dachte wohl auch der Sohn einer regionalen Metzgerei-Kette, als er seinen Mittagstisch-Lieferservice eröffnete. Ohne einen festen Standort, also rein mobil, bot er Betrieben und Geschäften seine frisch zubereiteten Speisen an. Eigentlich eine prima Idee, denn wer kennt nicht das Problem, dass man nach Pizza, Currywurst und Baguette irgendwann wieder mal Appetit auf richtiges Essen bekommt? Was diesem Bedürfnis jedoch meist im Wege steht: Die einzigen, die diese Nachfrage befriedigen könnten, nämlich Restaurants, kommen aus zeitlichen, finanziellen oder qualitativen Gründen nicht immer infrage. Da kommt ein solches Angebot wie das unseres Metzger-Sohns doch gerade recht – man lässt sich die täglich wechselnde Speisekarte zumailen, freut sich über die fairen Preise, hält sich an die Vorgabe, dass bis spätestens 11 Uhr bestellt werden muss, damit pünktlich zur angegebenen Mittagspause geliefert werden kann und wartet dann auf das erlösende Klingeln an der Tür, das das Knurren im Magen beenden soll.

Und wartet ... und wartet ... und ... greift irgendwann ziemlich unwirsch zum Hörer, um sich nach dem Verbleib der versprochenen Mahlzeit zu erkundigen. Natürlich wird man vertröstet: Es könne sich nur noch um Minuten handeln, der Fahrer sei neu und kenne sich noch nicht aus, außerordentlich viele Bestellungen heute, der Lieferant habe sich verspätet, die kleine Tochter zahne usw. Als das Essen mit einer Stunde Verspätung eintrifft, ist einem zwar nicht der Hunger, aber der Appetit vergangen, ebenso wie die Mittagspause. Und dass die Beilagen nicht von einem Koch, sondern von einem Zufallsgenerator verteilt wurden, lässt die Begeisterung über diesen perfekten Service schier aus dem Häuschen springen.

Ohne angemessene Umsetzung ist auch die beste Idee zum Scheitern verurteilt

Gut, jeder hat mal einen schlechten Tag und eigentlich war das Essen ziemlich schmackhaft und die Preise völlig angemessen, also: zweiter Versuch. Dritter Versuch. Dann aber hat's gereicht: Feierabend! Der Essen-auf-Rädern-für-Betriebe-Service hat es kein einziges Mal geschafft, das richtige Essen zur richtigen Zeit zu liefern.

MIT EINER SCHLECHT ORGANISIERTEN UMSETZUNG HAT AUCH DIE TOLLSTE VERTRIEBSIDEE KEINE CHANCE.

Zwar hat das Unternehmen Bedürfnisse, in diesem Fall sogar eine echte Nische, erkannt und das richtige Angebot entwickelt. Aber Bedürfnisse wie „feste Zeiten" oder „nur das liefern, was ich bestellt habe" sind bei der Umsetzung nicht ernst genommen worden. Schlechtes Marketing also, da Strategie, Vertrieb und Angebot nicht miteinander harmonierten.

Strategie und Angebot müssen miteinander harmonieren

Checkliste: Gehen Sie Ihren Kunden entgegen?   PRAXIS

- Wonach richten sich Ihre aktuellen Geschäftszeiten?
- Wann haben Sie Ihre Geschäftszeiten das letzte Mal an die Bedürfnislage Ihrer Kunden angepasst?
- Haben Sie jemals Ihre Kunden gefragt, ob sie mit Ihren Geschäftszeiten zufrieden sind? Wenn ja, wann?
- Sind Sie für Ihre Kunden geografisch gut zu erreichen?
- Wissen Ihre Kunden, wie Sie am besten zu erreichen sind (Anfahrtsbeschreibung gedruckt, im Internet)?
- Verfügen Sie über ausreichend Parkmöglichkeiten für Ihre Kunden?
- Wenn nicht, nutzen Sie andere Möglichkeiten, um Ihren Kunden das Parken zu erleichtern (Freitickets für Parkhäuser; Abholservice von Großparkplätzen etc.)?
- Welche Erreichbarkeitsbarrieren existieren für Ihre Kunden (Berufsverkehr, regelmäßige Staus, Baustellen, schlechte Autobahnanbindung etc.)?
- Was können Sie tun, um diese Barrieren abzubauen?
- Welche alternativen Möglichkeiten gibt es, zusätzlich für Ihre Zielgruppe erreichbar zu sein:
  - Internet?
  - Verkaufskooperationen?
  - Temporäre Märkte?
  - Messen, Wander-Ausstellung etc.?
- Welche alternativen Möglichkeiten gibt es, um dauerhaft Ihre Erreichbarkeit zu verbessern:
  - Umzug?
  - Filialen?
  - Internet?

Die Erreichbarkeit verbessern

Wenn Sie über neue Vertriebswege nachdenken, vergessen Sie nicht, das Gespräch mit dem Kunden zu suchen und um Kritik zu bitten. Die wenigsten Kunden äußern sich ungefragt über das, was ihnen nicht gefällt. Sie bleiben einfach weg.

2.1.5 Marketing … verbindet Ihr Unternehmen mit der Öffentlichkeit

Der Bekanntheitsgrad Ihres Unternehmens

Ein Problem, so bekomme ich in meiner Beratungstätigkeit von Neukunden häufig zu hören, sei der mangelhafte Bekanntheitsgrad ihres Unternehmens – an ihm liege es, dass die Kunden ausbleiben. Unmittelbar darauf folgt meist der Vorschlag, eine Werbekampagne zu starten.

Kein Problem, entgegne ich, rechne dann vor, was das örtliche Anzeigenblatt für seine Anzeigen berechnet, was Großflächenplakate, Spots im örtlichen Radiosender und Buswerbung kosten und wie lange die Kampagne dauern sollte, um das Marketingziel „Höherer Bekanntheitsgrad auf lokaler Ebene" zu erreichen. Natürlich reden wir über andere Preise, wenn wir über die lokale Ebene hinaus bekannt werden wollen, etwa national oder gar international.

„*Und der Rest ist Schweigen*", heißt es in Shakespeares Hamlet zum Schluss – so auch in solchen Situationen bei meinen Kunden. Doch dann kommen wir zu Plan B, nämlich der ebenso wirkungsvollen, aber wesentlich günstigeren Alternative „Öffentlichkeitsarbeit".

Öffentlichkeitsarbeit

JE BESSER IHRE ÖFFENTLICHKEITSARBEIT IST, UMSO WENIGER MÜSSEN SIE IN WERBUNG INVESTIEREN.

Eigentlich eine banale Weisheit, deshalb erstaunt es mich eigentlich umso mehr, dass sie immer noch von sehr wenigen mittelständischen Unternehmen umgesetzt wird.

Wenn Sie von Werbung nichts halten, gibt es immer noch andere Möglichkeiten, um Sie bzw. Ihr Leistungsangebot einer breiten Öffentlichkeit bekannt zu machen oder wieder in Erinnerung zu rufen. Dazu gehört auch eine regelmäßige Berichterstattung in den Medien. Tatsächlich betrachten viele Unternehmer das, was in der Zeitung steht, als eine reine Angelegenheit der Redaktionen, ohne die Möglichkeit der eigenen Einflussnahme auf den redaktionellen Inhalt zu kennen, geschweige denn zu nutzen. Dabei sind Redaktionen gerade-

Medienberichterstattung

34

zu darauf angewiesen, mit Informationen versorgt zu werden. Denn auch hier hat der wirtschaftliche Zeitgeist ein Zuhause gefunden und die Redaktionen personell schrumpfen lassen. Daher ist die Chance, dass ein Redakteur im Rahmen seiner Recherche auf Ihr Unternehmen stößt, Sie von sich aus anruft und fragt, ob Sie vielleicht mit einer ganzseitigen Unternehmensstory einverstanden wären, genauso groß wie der Abstand von 12 Uhr bis Mittag.

Redaktionen mit Informationen versorgen

> ERGREIFEN SIE ALSO SELBST DIE INITIATIVE UND VERSORGEN SIE DEN REDAKTEUR IHRES VERTRAUENS MIT BERICHTENSWERTEM AUS IHREM UNTERNEHMEN.

Berichten Sie ihm über das Besondere und Innovative an Ihren Produkten und Dienstleistungen sowie über Ihr soziales Engagement, das qualifizierte und mehrfach ausgezeichnete Personal und alles, was die geneigte Leserschaft sonst noch interessieren könnte. Und das scheint nicht wenig zu sein, wenn man sieht, was heute so alles in der Zeitung steht.

Die übliche Form der Information ist die **Pressemeldung**. Darin teilen Sie relevanten Medien in interessanter Form mit, was es gerade an Neuigkeiten aus Ihrem Unternehmen gibt. An dieser Stelle kommt in der Regel der Einwand, dass man sich nicht vorstellen könne, was aus dem eigenen Unternehmen für die Presse interessant sein könnte, und Jubiläum habe man auch erst im nächsten Jahr.

Pressemeldung

Ich garantiere Ihnen, dass es in Ihrem Unternehmen so viel „Medien-Futter" gibt, dass Sie noch heute eine Pressemeldung losschicken und morgen in der Zeitung stehen können.

Überlegen Sie mal, was Sie in der Zeitung interessant finden. Ich unterstelle einfach, dass Sie nicht zu den Zeitungslesern gehören, die eine Zeitung von vorn bis hinten komplett durcharbeiten, sondern dass Sie selektieren. Nach welchen Kriterien gehen Sie vor? Vielleicht benutzen Sie dafür eine eigene Prioritätenliste von „nützlich" bis „unterhaltsam". Genau in dieser Spannbreite können Sie sich mit Ihren eigenen Meldungen auch bewegen. Es geht nicht darum, die Presse über bahnbrechende Erfindungen, den eigenen Börsengang oder die Schaffung von mehreren hundert Arbeitsplätzen zu unterrichten, dann wären unsere Zeitungen nämlich ziemlich dünn.

Faktoren mit Nachrichtenwert aus Ihrem Unternehmen	**PRAXIS**

Um die Suche nach geeigneten Nachrichten für die Presse, Ihren Newsletter, Ihre Homepage oder Ihren Corporate Blog zu erleichtern, überprüfen Sie sich und Ihr Unternehmen in folgenden Bereichen:

Soziales

1. Sie unterstützen eine Hilfsaktion, ein karitatives Projekt, eine Benefiz-Veranstaltung mit:
   - Geld
   - Sachmitteln
   - Know-how
   - Personal
2. Sie organisieren die betriebliche Altersvorsorge Ihrer Mitarbeiter.
3. Sie bieten Ihren Mitarbeitern zinsgünstige Darlehen.
4. Sie haben ein Kinderbetreuungsangebot eingerichtet.
5. Sie bieten allen Mitarbeitern eine BahnCard.
6. Sie ermöglichen einen vorgezogenen Ruhestand.
7. Sie organisieren regelmäßig Treffen mit ehemaligen Mitarbeitern im Ruhestand.
8. Sie stiften Förderpreise für Auszubildende oder Universitätsabsolventen.

Sie schaffen Arbeitsplätze für:

9. Jugendliche
10. Behinderte
11. Langzeitarbeitslose

Leistungsangebot

12. Sie haben
    - die hundertste Maschine,
    - die tausendste Software oder
    - 10.000 Kilometer Wurst verkauft.
13. Sie wurden nominiert/prämiert/gelobt/erfolgreich getestet.
14. Ihr Angebot ist insbesondere jetzt, im Frühling, zu Weihnachten, zur Grillsaison etc. wichtig, weil es gesund, günstig, frisch etc. ist.
15. Sie exportieren jetzt auch nach XY.

Personal

16. Wurde fachlich ausgezeichnet.
17. Hat ein außergewöhnliches Hobby bzw. ist im Hobby außergewöhnlich gut.
18. Hält sich im betriebseigenen Fitnessraum fit.
19. Sitzt neuerdings im Prüfungsausschuss.
20. Wurde als Sachverständiger bestellt.

Standort

21. Erweiterung der Produktionsanlagen
22. Umzug der Verwaltung
23. Statements oder Leserbriefe zu harten Standortfaktoren: Flughafenausbau, Erweiterung des Schienennetzes, neue Autobahn, Umgehungsstraße
24. Statements oder Leserbriefe zu weichen Standortfaktoren: wenig/viel Freizeit-Angebote
25. Mangelhaftes Kulturangebot
26. Zu teure Freizeitanlagen

Kompetenz

27. Sie wurden ausgezeichnet.
28. Sie halten Vorträge.
29. Sie haben einen Lehrauftrag an der Uni.
30. Sie sind IHK-Sachverständiger.
31. Sie geben Seminare an der VHS, Handwerkskammer etc.
32. Sie schreiben Bücher, Fachaufsätze etc.

Persönlich

33. Sie sind ehrenamtlicher Vorsitzender, Beisitzer von ...
34. Sie sind aktiv im Sommer-/Winterbrauchtum.
35. Sie laufen beim New York-Marathon mit (und grüßen von dort die Leser der örtlichen Tageszeitung).
36. Sie pilgern zum Heiligen Jakobus nach Santiago de Compostela (natürlich zu Fuß).
37. Sie unternehmen alleine eine Radtour nach Marokko.

*SEHR BELIEBT SIND BEI DEN MEDIEN AKTIVITÄTEN IM SOZI-
ALEN BEREICH.*

*Durch Spenden auf sich
aufmerksam machen*

Wenn Sie auf Weihnachtsgeschenke für Kunden verzichten und stattdessen die entsprechende Summe einer karitativen Einrichtung zukommen lassen, ist das wirklich eine Meldung wert. Im Gegensatz dazu sind Fototermine von Geldübergaben in Form von überdimensionalen Schecks total out. Manche Zeitungen haben für solche Anlässe sogar intern eine Mindestsumme festgelegt: Wenn die nicht erreicht wird, kommt auch kein Fotograf zur Scheckübergabe. Die Mindestsumme ist häufig so hoch, dass Sie sich solche Termine eigentlich sparen können.

*Die Form einer
Pressemeldung*

Auch die Form von Pressemeldungen ist nicht unerheblich für den Erfolg, der in ihrer Veröffentlichung besteht. Für nähere Informationen zu diesem Thema empfehle ich Ihnen die Lektüre des Titels „Public Relations" von Dieter Herbst, der in derselben Reihe wie dieses Buch vorliegt. Prinzipiell sollten Sie sich in jedem Fall an folgende Grundregel halten:

*SCHREIBEN SIE KEINE ROMANE, ABER UNTERSCHLAGEN SIE
AUCH KEINE INFORMATIONEN, FORMULIEREN SIE VERSTÄND-
LICH UND VERMEIDEN SIE FACHAUSDRÜCKE.*

Ehe wir zum Thema Marketingplan kommen, möchte ich noch eine Anmerkung machen: In diesem Kapitel haben wir zum Bereich „Öffentlichkeitsarbeit" hauptsächlich über eine Variante, die Pressearbeit, gesprochen. Selbstverständlich ist das nicht die einzige, vielleicht aber die wichtigste Form, das eigene Unternehmen mit der Öffentlichkeit zu verbinden. Wie Sie die Medien in Ihre Guerilla-Marketing-Aktionen einbinden können, erfahren Sie ausführlich in Kap. 5.5.

2.2 Der Marketingplan

Kapitel 2.1 konnte nur anreißen, was Marketing zu leisten imstande ist und welche betrieblichen Fassetten es tatsächlich umfasst. Die genannten „Marketing ist ..."-Bereiche habe ich exemplarisch ausgewählt, um Ihnen ein Gefühl für die große Bandbreite möglicher Marketingaktivitäten zu vermitteln. Die

Aufzählung ließe sich endlos fortführen und analog zur „Liebe ist …"-Bilderserie in der BILD-Zeitung bestimmt auch gut vermarkten. Dennoch möchte ich diesen Teil des Buches über die Grundlagen des Marketings nicht beenden, ohne auf das einzugehen, was normalerweise am Ende und damit aber auch schon wieder am Anfang der Marketingaktivitäten steht: der Marketingplan.

Der Marketingplan steht am Ende der Marketingaktivitäten

ER UNTERSTÜTZT SIE BEI DER KOSTENKONTROLLE UND ÜBERSETZT IN KOMPRIMIERTER FORM IHRE ERGEBNISSE BEZÜGLICH ZIELKUNDEN, MARKT, VERTRIEB, ÖFFENTLICHKEITSARBEIT USW. IN HANDLUNGSANWEISUNGEN.

Und zwar nicht so, dass man ihn erst studieren muss, sondern so, dass man direkt damit arbeiten kann. Manche Unternehmen besitzen die fatale Neigung, alles dermaßen durchzuplanen, dass für das eigentliche Handeln keine Zeit mehr ist. Dann wird eine Strategie durch eine neue ersetzt und wenn die nicht funktioniert – so what – dann hat man immer noch eine andere in der Schublade (wo übrigens auch die vorherigen Strategien beerdigt sind). Wenn ich also an dieser Stelle mal einen bekannten Politiker – in leicht abgewandelter Form – zitieren darf:

„EIN MARKETINGPLAN MUSS AUF EINEN BIERDECKEL PASSEN!"

Das soll jetzt keine falschen Mutmaßungen über den Ort der Erstellung des Marketingplans auslösen oder ihn gar qualitativ abwerten. Aber es soll ausdrücken, dass Ihr Marketingplan übersichtlich sein soll, nicht mit wissenschaflichen Abhandlungen überfrachtet sein darf und zu guter Letzt auch noch in Ihre Jackentasche passt und somit zum ständigen Begleiter Ihrer unternehmerischen Aktivitäten wird. Und analog zum Kneipendeckel, der ebenfalls eine Handlung nach sich zieht, nämlich das Kassieren durch den Wirt, soll auch Ihr Plan Handlungen nach sich ziehen. Setzen Sie das um, was drauf steht, je mehr desto besser. Wichtig ist nur, dass Sie es kontinuierlich tun.

Ein Marketingplan muss übersichtlich und praxisnah sein

Einen Ausriss aus einem Marketingplan finden Sie auf der folgenden Seite.

	MÄRZ	ZIELGRUPPE	MASSNAHME	PUBLIC RELATIONS	KOSTEN
Werbung	Brunnen-Echo	Allgemein	Anzeige, 2-spaltig, 100 mm, Seite 5		112,00 Euro
Öffentlicher Themenabend	„Verkehrsunfall – was tun?"	Fahranfänger, Interessierte	Ratskeller Gies., Referenten Schadensabteilung A+M, VD Polizei, Rechtsanwalt		
Sonstige Maßnahmen	Konzept Privat-rente	Familie, 2 Kinder, Vater berufstätig	Powerpoint-Präsentation, Mailing + Brunnen-Echo, telef. nachfassen		
Lokale Lobby-Arbeit					
Event-Marketing	Karnevalszug Sonntag	Allgemein		Regionaler Verteiler	
Marketing-Be-ratung/-Durch-führung					
Gesamtkosten					112,00 Euro

Abb. 5 Marketingplan

3 GUERILLA MARKETING

So, da wären wir schon. Ging doch eigentlich ziemlich flott, oder? Ich hoffe, Sie geben mir jetzt Recht, dass es gar nicht verkehrt war, noch mal kurz über diverse Marketing-Basics zu sprechen. Vieles von dem, was wir bisher gehört haben, wird uns in gleicher oder ähnlicher Form bei der Planung Ihrer Guerilla-Marketing-Strategie immer wieder begegnen. Deshalb kann ich es auch nicht nachvollziehen, wenn jemand behauptet, Guerilla Marketing wäre mit dem klassischen Marketing überhaupt nicht zu vergleichen, es sei etwas ganz Neues und anderes. Für meine Begriffe ist Guerilla Marketing eine zeitgemäße Interpretation eines stark kundenorientierten Marketings mit einem Übergewicht auf der Kommunikationspolitik.

Guerilla Marketing: Eine zeitgemäße Interpretation eines kundenorientierten Marketings

GUERILLA MARKETING KANN DAS KLASSISCHE MARKETING NICHT ERSETZEN, SONDERN WILL ES FLANKIEREND BEGLEITEN BEZIEHUNGSWEISE AB UND AN AUCH MAL ÜBERHOLEN.

Um beim Bild zu bleiben: Wir befahren nach wie vor die Autobahn namens Marketing, aber unser Fortbewegungsmittel ist wesentlich flexibler geworden und kann manchmal auch fliegen oder sogar tauchen. Das Oberziel bleibt jedoch gleich, nämlich das eigene Leistungsangebot erfolgreich zu vermarkten. Deshalb wehre ich mich auch dagegen, Guerilla Marketing zur Doktrin zu erheben und Sie als Business-Prophet vom „Marketing-Dunst ins Marketing-Licht zu führen". Diesen missionarischen Auftrag habe ich jedenfalls nicht erhalten und verfüge auch nicht über ein entsprechendes Sendungsbewusstsein.

Jedoch konnte ich mittlerweile ein umfangreiches Guerilla-Instrumente-Arsenal anlegen, das sich in der Praxis gut bewährt hat. Jede Guerilla-Marketing-Strategie wird zwar individuell konzipiert, dennoch ergab sich im Laufe meiner Beratungstätigkeit ein Grundgerüst, das bei der Planung und Durchführung von Guerilla-Marketing-Kampagnen sehr nützlich und letztendlich auch unverzichtbar wurde. Dessen wesentliche Elemente möchte ich Ihnen auf den folgenden Seiten vorstellen.

Ein unverzichtbares Grundgerüst für Guerilla-Marketing-Kampagnen

3.1 Was ist Guerilla Marketing?

Zumindest ist das Thema Guerilla Marketing so interessant, dass Sie mit dem Kauf dieses Buches mehr darüber erfahren wollen. Und das mit gutem Recht, denn: Guerilla Marketing stellt nicht nur für die Adressaten, sprich Ihre Kunden, eine abwechslungsreiche und unterhaltsame Form der Ansprache dar, sondern es kann auch für die Unternehmen, die es betrei-

Ein origineller Ausbruch aus dem häufig tristen Marketing-Standard

ben, ein origineller Ausbruch aus einem häufig tristen Marketing-Standard sein. Trotz aktueller Theorieansätze und Erklärungsversuche konnte jedoch noch nicht abschließend geklärt werden, was Guerilla Marketing eigentlich bedeutet, wann eine Aktion als Guerilla Marketing gilt und wann nicht – mit anderen Worten, welcher Kriterien-Katalog der Planung zugrunde liegt, welche Instrumente zur Verfügung stehen und warum das Ganze eigentlich als so unglaublich innovativ gilt. All dies ist Diskussionsgrundlage in vielen Internetforen und bestimmt das Programm von Guerilla-Marketing-Kongressen.

Angesichts des Fehlens einer gemeinhin anerkannten Definition möchte ich zusammen mit Ihnen das Pferd von hinten

Erfahrungsberichte und Praxisbeispiele zur Annäherung an den Begriff des Guerilla Marketings

aufzäumen und anhand von eigenen Erfahrungsberichten und Praxisbeispielen verschiedene Ankerpunkte des Guerilla Marketings identifizieren, um dadurch eine Annäherung an das unbekannte Wesen „Guerilla Marketing" zu erleichtern. Und wenn Sie nach der Lektüre irgendwann mal in einem Fernsehquiz sitzen und die folgende Frage ohne den Einsatz von Jokern erfolgreich passieren können, haben wir eigentlich alles richtig gemacht:

Was ist Guerilla Marketing?

a) Recruiting-Messe für Nachwuchs-Revoluzzer

b) Kreative Kundenansprache

c) Agentur-Job für arbeitslose Revolutionäre

d) Bestseller von Che Guevara

An dieser Stelle wäre eigentlich eine kleine Einführung fällig gewesen, um endlich mal so essenzielle Fragen wie *„Woher stammt eigentlich der Begriff ‚Guerilla Marketing'?"*, *„Wann wurde die erste Guerilla-Marketing-Kampagne durchgeführt?"* oder *„Kann Guerilla Marketing wirklich Allergien auslösen?"*

zu klären. Aber sparen wir uns doch den Platz für andere Dinge. Wenn wir erfahren wollen, wie es überhaupt zum Guerilla Marketing kommen konnte, beschäftigen wir uns lieber mit der Frage: *„Warum gibt es überhaupt Guerilla Marketing?"*. Wenn wir hier ein bisschen Ursachenforschung betreiben, werden wir viel leichter des Guerillas Kern begreifen als durch eine zeitliche Verortung der Anfänge.

3.1.1 Ursachenforschung

Ständig werden wir in sämtlichen Branchen mit einer jeweils eigenen Kommunikationskultur und ihren spezifischen, ja sogar „typischen" Marketing-Instrumenten konfrontiert, an die wir uns als Kunde im Laufe unseres Verbraucherlebens mehr als gewöhnt haben. Häufig ärgern wir uns sogar regelrecht über die Penetranz oder Ideenlosigkeit, die uns von der Werbung in täglich mehr als 1.500 auf uns einwirkenden Werbebotschaften zugemutet wird.

Zur Entstehung des Guerilla Marketings

Die Konsequenz daraus lässt sich leicht abzuleiten: Wir werden zu Werbeverweigerern, die entsprechende Verbote am Briefkasten anbringen, die Werbunterbrechungen im Fernsehen mit der Fernbedienung beantworten, klassische Werbung schlicht und ergreifend ignorieren oder aufdringlichen Pop-ups im Internet mit Filtern begegnen. Längst können wir noch nicht einmal mehr schmunzeln über die ewig gleichen, langweiligen, unglaubwürdigen Werbeklassiker, mit denen versucht wird, uns zu Käufern zu machen. Bestimmt haben Sie auch den einen oder anderen „Favoriten", dessen werbliche Ansprache Sie zum Wegschmeißen, Umschalten, Auflegen oder Weglaufen zwingt.

Klassische Werbung wird mit der Zeit langweilig und verfehlt so ihren Zweck

Hier sind meine persönlichen Top-Ten-Langweiler

Die zehn langweiligsten Werbeaktionen

1. Der Herrenausstatter lädt seine Kunden mit einem Mailing zu einer Modenschau ein.
2. Die Automobilhersteller propagieren über Fernsehwerbung, dass der Finanzierungszins fast gegen Null geht und man 3.000 Euro über Schwacke-Liste für den „Gebrauchten" bekommt.
3. Die Pizzeria um die Ecke füllt die Briefkästen mit der gefalzten Speisekarte im DIN-Lang-Format (o.k., manchmal ist es auch DIN A5 und manchmal ist es auch das China-Restaurant).

4. Versicherungen langweilen mit riesigen Textanzeigen in typischem Versicherungsdeutsch.
5. Die Elektronik-Branche propagiert den Geiz und deshalb reicht der Marketing-Etat nur für hysterisch alberne TV- und Radio-Spots. Sind wir eigentlich blöd?
6. Hotelgutscheine, Lotterie-System-Knacker sowie Zeitschriften-Abonnements werden – auch am Wochenende – per Telefon angeboten.
7. Per TV-Werbung angedrohte Lotto-Post, die sich „morgen in Ihrem Briefkasten" befindet.
8. Autohäuser, die neue Modelle mit Kinderschminken und Bierbude feiern.
9. Grundsätzlich: Anzeigen-Werbung ohne konkrete Handlungsofferte (Visitenkarte als Anzeige).
10. Und an dieser Stelle nochmal für alle E-Mail-Medikamenten-Dealer: Ich brauche kein Viagra!

Schlechte Werbung bewirkt oft das Gegenteil ihrer eigentlichen Intention

Fragen Sie sich jetzt selbst einmal, wann Sie aufgehört haben, sich von solchen Aktionen angesprochen zu fühlen oder ob Sie sich überhaupt jemals davon angesprochen fühlten. Und dann fragen Sie sich bitte anschließend, wann Sie angefangen haben, sich über diese ideenlose, stets gleiche, plumpe 08/15-Ansprache zu ärgern. Wenn Sie jetzt auf beide Fragen eine Antwort hatten, wissen Sie auch, wann Guerilla Marketing in diesen Branchen seinen Ursprung hatte:

GUERILLA MARKETING KOMMT DANN ZUM EINSATZ, WENN DER KUNDE NICHT MEHR BEREIT IST, SICH VON KONVENTIONELLEN MARKETINGMASSNAHMEN ANSPRECHEN ZU LASSEN ODER SICH SOGAR DAVON BELÄSTIGT FÜHLT.

Eigentlich ganz einfach, oder? Und weil das so einfach war, folgt jetzt ...

DER ULTIMATIVE URSPRUNGSTEST FÜR IHRE BRANCHE

Welche Marketinginstrumente sind in Ihrer Branche üblich?

Überlegen Sie sich, welcher klassischen Marketinginstrumente sich Ihre Branche üblicherweise bedient. Was empfiehlt Ihr Verband, was treibt der Wettbewerb, was gehört zu Ihrem Standardrepertoire? Sind es Flyer, Handzettel, Anzeigen, Werbebriefe, ist es das Glas Sekt zur Produkteinführung, zum Adventseinkauf, zum Firmenjubiläum, sind es Rabatt-Angebote, kostenlose Serviceleistungen wie die Tasse Kaffee, der Seh-, Hör-, Licht-, Brems-, Gewichts- und Finanz-Test, Taxi-Werbung, Sponsoring einer Fußballmanschaft, die jahreszeitenabhängige Dekoration des Schaufensters? Schreiben Sie ruhig alles auf und markieren Sie mit einem Stern jedes Instrument, das auch von Ihnen eingesetzt wird. Sollten Sie jetzt nur noch Sterne sehen, dann … naja, willkommen im Club, denn Sie sind nicht allein. Wie gesagt, jede Branche hat ihre eigene Marketingkultur mit ihren jeweils typischen Instrumenten und Aktionen, und diese werden häufig unverändert und völlig von den Interessen und Bedürfnissen des Kunden losgelöst eben diesem über Jahre hinweg zugemutet.

Sollten Sie jetzt anfangen zu überlegen, mit welchen Mitteln und Aktionen Sie sich von Ihrem branchentypischen Einerlei absetzen können, – Tusch! – haben Sie das Fundament Ihres Guerilla Marketings gegossen.

Setzen Sie sich vom branchentypischen Einerlei ab

3.1.2 Guerilla Marketing ist … abhängig von der Unternehmensgröße

Zunächst wollen wir aufhören so zu tun, als ob Guerilla Marketing für alle Unternehmensgrößen das Gleiche bedeutet. Es gibt nicht „das" ultimative Guerilla Marketing! Es ist ein gewaltiger Unterschied, ob ein Drei-Mann-Betrieb eine Guerilla-Marketing-Strategie entwickeln will oder ein Unternehmen mit Zweigniederlassungen in ganz Europa. Allein für die Wahl der Mittel stehen völlig unterschiedliche Ressourcen zur Verfügung.

Guerilla Marketing bedeutet nicht für alle Unternehmensgrößen das Gleiche

Beispiel A: Im Hamburger Hafen schwimmt eine Tennisplatz-Konstruktion auf einem Ponton, auf der sich Roger Federer und Tommy Haas ein munteres Match liefern. Mit dieser Aktion soll das renommierte ATP-Tennisturnier in Hamburg beworben werden.

Beispiel B: Ein inhabergeführtes Architekturbüro beauftragt für sein Kundenmailing einen singenden Kurierdienst, der das Werbeschreiben persönlich dem Adressaten übergibt und dabei einen humorigen Jingle über die Absender schmettert.

Können Sie sich vorstellen, welche der beiden Aktionen sich schnell in allen Medien wiederfand, während die andere wesentlich mehr Anstrengungen unternehmen musste, um wenigstens in dem einen oder anderen Printmedium erwähnt zu werden? Selbstverständlich können Sie das. Es brauchte nur einen Anruf in den Redaktionen, und schon machten sich die Reporter auf den Weg, um Federer und Haas in Aktion zu erleben. Die nicht weniger originelle Kurierdienst-Kampagne wurde nicht live aufgenommen, war deswegen aber auch nicht weniger erfolgreich. Denn von den insgesamt zwanzig Unternehmen, die Besuch vom singenden Kurier bekamen, sind acht Unternehmen der Einladung zu einem persönlichen Gespräch gefolgt und haben einen Termin vereinbart.

GUERILLA-MARKETING-KAMPAGNEN VARIIEREN MIT DER UNTERNEHMENSGRÖSSE

Große Unternehmen sind stärker von der medialen Berichterstattung abhängig als kleine

Sie sehen, dass durch die Unternehmensgröße Art und Ziel der Guerilla-Marketing-Kampagnen durchaus variieren. Große Unternehmen, die sich an einen Massenmarkt richten, sind wesentlich stärker von der medialen Berichterstattung abhängig und gestalten dementsprechend ihre Kampagnen zweigleisig:

* Die Guerilla-Aktionen selbst, von denen sich die Zielkunden vor Ort angesprochen fühlen sollen und die Information darüber als Multiplikatoren weitergeben („erste Öffentlichkeit") und
* die mediale Kommunikation über die Guerilla-Aktionen, wodurch ein wesentlich größerer Adressatenkreis erreicht werden soll („zweite Öffentlichkeit").

Kleine Unternehmen richten sich mit ihren Guerilla-Aktionen primär an den Zielkunden

Auch die kleineren Unternehmen richten sich mit ihren Guerilla-Aktionen direkt an den Zielkunden. Er soll mit originellen und innovativen Aktionen überrascht, beeindruckt und damit von der Leistungsfähigkeit Ihres Produkts oder Ihrer Dienstleistung überzeugt werden. Wenn dann auch noch die Medien darüber berichten, ist das natürlich umso besser, es bleibt jedoch stets zweite Priorität.

„Wieso?", höre ich Sie jetzt fragen, *„ist doch gut, wenn man in der Zeitung steht. Umso mehr potenzielle Kunden erfahren dann von der Aktion und meinem Unternehmen."* Und damit haben Sie vollkommen Recht; deshalb werden wir die Medien auch immer in unseren Planungen berücksichtigen. Wir werden sogar über Guerilla-Maßnahmen sprechen, die die Medi-

en als unmittelbaren Adressaten haben, um darüber den Kunden mittelbar zu erreichen (vgl. Kap. 5.5). Grundsätzlich gilt aber, wie gesagt:

KLEINERE UNTERNEHMEN RICHTEN IHRE GUERILLA-MASSNAHMEN HÄUFIGER DIREKT AN DEN ZIELKUNDEN.

Dass die Medienberichterstattung bei Guerilla-Marketing-Kampagnen von kleineren Unternehmen „zweite Priorität" hat, bedeutet, dass sich der Erfolg der Kampagne an erster Stelle daran orientiert, ob das Marketingziel durch die Aktion selbst erreicht wurde und erst an zweiter Stelle daran, ob dieser Erfolg durch Medienberichterstattung noch gesteigert werden konnte.

Medienberichterstattung hat bei Guerilla-Kampagnen kleiner Unternehmen zweite Priorität

In Beispiel B bestand das Marketingziel darin, mit mindestens vier der sorgfältig ausgesuchten zwanzig Unternehmen einen persönlichen Termin zu vereinbaren. Letztendlich hat das sogar bei acht Unternehmen funktioniert. Somit kann man, wenn man auch noch den normalen Mailing-Response von drei Prozent zugrunde legt, durchaus von einem Erfolg sprechen, da man mit beinahe der Hälfte der Adressaten ins Gespräch kommen konnte. Also, Ziel erreicht, Aufwand und Kosten stehen in einem vernünftigen Verhältnis zum möglichen Ertrag. Nun kann die Berichterstattung in den Medien dazu führen, dass noch mehr Unternehmen auf unsere Architekten aufmerksam werden und diese gern mal kennen lernen möchten. Vielleicht sofort, vielleicht im nächsten Monat, oder vielleicht erfährt erst im nächsten Jahr ein Unternehmer durch einen Geschäftspartner davon, der das zufällig in der Zeitung gelesen hatte. Ein schöner Mitnahme-Effekt, ohne Zweifel, aber eben doch – zufällig. Deshalb lag das Hauptaugenmerk der Aktion darauf, die Adressaten des singenden Kuriers zu überzeugen und erst im zweiten Schritt erhofften die Architekten eine mediale Resonanz.

Die Hoffnung stirbt zwar bekanntlich zuletzt (beliebte Parole bei abstiegsbedrohten Fußballvereinen), aber:

EIN ECHTER GUERILLERO VERLÄSST SICH NICHT AUF HOFFNUNG, SONDERN AUF DAS, WAS ER SELBST BEEINFLUSSEN KANN.

3.1.3 Guerilla Marketing ist ... originell

Aufmerksamkeit durch
Originalität erregen

Fernab von ausgetretenen Marketing-Lehrpfaden erregt Guerilla Marketing (fast) ausschließlich durch seine Originalität Aufmerksamkeit. Aufmerksamkeit ist ein knappes Gut, das aufgrund ungeschickter Marketingkampagnen immer weniger Unternehmen zuteil wird: Entweder nervt die Ansprache, oder sie passiert zum falschen Zeitpunkt, entweder langweilt sie, oder man sieht sich ihr allerorten hilflos ausgesetzt. Immer seltener entlockt sie uns ein anerkennendes Pfeifen durch die Zähne, geschweige denn, dass sie uns beeindruckt.

DOCH GENAU DAS WILL GUERILLA MARKETING. ES WILL, DASS DIE KUNDEN SAGEN: „HEY, DAS IST JA MAL WAS ANDERES. DIE HABEN SICH ABER WAS EINFALLEN LASSEN."

Eine Guerilla-Kampagne
muss einzigartig sein

Das bedeutet jedoch auch, dass es die jeweilige Guerilla-Marketing-Kampagne in der Form vorher noch nicht gegeben haben darf und in Zukunft weder wiederholt noch vom Wettbewerb kopiert werden kann.

BEISPIEL

Ein Autohersteller packte 2004 seinen Offroader in große Plexiglas-Kisten und platzierte diese in neun amerikanischen Städten. An den Kisten hing ein überdimensionaler Hammer unter der Aufschrift: *„Break glass in case of adventure."* Eigentlich keine schlechte Aktion, wenn nicht das Fabrikat eines anderen Autoherstellers vorher ebenfalls in Kisten präsentiert worden wäre und dafür 2003 in Kanada der „Media Innovation Award" verliehen wurde.

GUERILLA-RESSOURCEN MASSVOLL UND GEZIELT EINSETZEN

Man sollte mit seinen Guerilla-Marketing-Ressourcen gut haushalten, denn ständig originelle Kampagnen zu starten, ist auf Dauer überhaupt nicht mehr originell. Der Kunde erwartet von Ihnen dann geradezu, dass Ihre Kampagnen stark vom Marketing-Mainstream abweichen und dauernd aus dem Rahmen fallen. Sie haben damit die Messlatte sehr hoch gehängt und müssen jedes Mal das gesetzte Maß nicht nur erreichen, sondern stets übertreffen. Wehe, wenn Sie das nicht schaffen, dann fallen die Geister, die Sie gerufen haben, in Scharen über Sie her. Von „langweilig" bis hin zu „immer dasselbe": Auch wenn Ihr Marketing nicht schlechter als das Ihrer Wettbewerber ist, man geht mit Ihnen härter ins Gericht.

SETZEN SIE ALSO IHRE ORIGINELLEN IDEEN MASSVOLL UND WOHLDOSIERT EIN. SIE MÜSSEN SICH IMMER NOCH STEIGERN KÖNNEN.

Alles andere führt zur firmeneigenen Originalitätsinflation, d.h. Ihre Kunden sind irgendwann übersättigt und Ihr Marketing-Aufwand ist (finanziell) nicht mehr zu rechtfertigen.

Weiterhin verlangt die Originalität von Ihnen, dass Sie sehr gründlich recherchieren. Dazu gehört ein regelmäßiger Blick ins Internet, um national und international nach durchgeführten Guerilla-Marketing-Kampagnen zu forschen. Speziell für Ihre Branche sollten Sie die Publikationen Ihres Verbandes ebenso beachten wie Fachzeitschriften, Kammer-Informationen und Veröffentlichungen in der Tagespresse. Erst wenn Sie sicher sind, dass es eine solche Kampagne noch nicht gegeben hat, sollten Sie das Projekt in Angriff nehmen.

Originalität setzt eine gründliche Recherche voraus

Recherchequellen für Guerilla Marketing im Internet

www.guerilla-marketing-blog.de
www.guerilla-marketing-portal.de
www.maks.info
www.brainwash.robertundhorst.de
www.marketingvox.com
www.marketing-alternatif.com

3.1.4 Guerilla Marketing ist … überraschend

Das Überraschungsmoment oder – um es mit dem richtigen Guerilla-Terminus auszudrücken – der Überraschungsangriff ist mit das entscheidendste Kriterium für Guerilla Marketing. Eine wesentliche Voraussetzung dafür ist die genaue Kenntnis Ihrer Zielgruppe. Wie wir in Kap. 2.1 bereits geklärt haben, gehören dazu auch Informationen darüber, wo sich Ihre Kunden im Alltag, beim Sport, im Beruf usw. aufhalten. Das fließt unmittelbar in die Planung Ihrer Guerilla-Marketing-Kampagne ein, denn dort, wo sich Ihre Kunden aufhalten, sollte auch die Aktion stattfinden.

Der Überraschungsangriff – das entscheidendste Kriterium des Guerilla Marketings

Beispiele für gelungene
Überraschungsangriffe

VÖLLIG UNERWARTET ...

... war für die Besucher eines amerikanischen Basketball-spiels der Anblick eines Minis in den Zuschauerrängen.

... standen plötzlich mehrere Westerwelle-Doubles auf einem FDP-Parteitag und hielten Plakate hoch mit der Aufschrift „Ich Möchtegern Kanzler sein". Mit schönen Grüßen von den Grünen.

... wird ein junger Mann in einem Biergarten von einer be-tagten Dame gefragt, ob er mal eine „89-Jährige anmachen möchte". Anschließend holt sie aus ihrer Handtasche eine Packung Lucky Strike Retro Edition und Streichhölzer.

... begegneten Gäste in der Drehtür eines New Yorker Hotels einer Ballerina des New Yorker City Ballet, die sich gekonnt mit der Tür drehte und auf die Abendveranstaltung hin-wies.

Die Wahl der Örtlichkeit
einer Guerilla-Kampagne

Die meisten Guerilla-Aktionen finden an stark frequentierten Plätzen wie z.B. Fußgängerzonen, Einkaufszentren, Marktplät-zen oder bei Großveranstaltungen statt. Das hat zwar einer-seits den Vorteil, die Aufmerksamkeit vieler Menschen zu er-reichen, die wiederum anderen davon berichten können.

ANDERERSEITS MUSS DIE AUSWAHL DER ÖRTLICHKEIT WOHL ÜBERLEGT SEIN, UM STREUVERLUSTE – ALSO DEN ANTEIL DERJENIGEN, DIE NICHT ALS ADRESSAT IHRER LEISTUNG GEL-TEN – SO GERING WIE MÖGLICH ZU HALTEN.

Das ist zwar kein Guerilla-typisches Problem, sondern gilt ge-nerell für alle Marketing-Aktionen. Dennoch ist es bei Guerilla-Marketing-Aktionen besonders relevant, da Sie hier nur einen einzigen Versuch haben – ansonsten würden Sie sich wieder-holen, und dann ist es mit der Originalität vorbei.

Das Merkmal „unerwar-
tet" allein genügt nicht

Und das ist umso bedauerlicher, wenn es sich um eine innova-tive und gut organisierte Guerilla-Aktion handelt, die aber lei-der völlig falsch platziert ist. Mindestens ebenso bedauerlich, wenn nicht sogar abschreckend, sind vermeintliche Guerilla-Marketing-Maßnahmen, die fast ausschließlich auf das Merk-mal „unerwartet" setzen. Letztendlich tragen derartige Maßnahmen zusätzlich zur Werbeversion bei, da sie die Ziel-gruppe im falschen Kontext ansprechen wollen.

Unerwartet, aber völlig deplatziert …

… zeigte sich der allseits bekannte deutsche Tour-de-France-Teufel „El Diabolo" alias Didi Senft 2005 bei der elften Tour-Etappe im ungewohnten grünen Outfit. Das Parteilogo und die Internetadresse verrieten „Die Grünen" als Urheber dieser Aktion.

… ist die Werbung einer Versicherung auf dem Rücken schwarzer Katzen, die man durch die Innenstadt laufen ließ.

… ist die Werbung auf der Stirn von Studenten in London, die diese für einen Zeitraum von 30 Tagen an werbewillige Unternehmen vermieten.

… plant das Unternehmen Coca-Cola, über seine Getränkeautomaten künftig Musik, Klingeltöne und Handybilder zu vertreiben. Wie das aussehen soll? Nun, vielleicht so:

Vorsicht Glosse: Coca-Cola goes Guerilla

Man stelle sich folgende Situation vor: Sengende Hitze, die Luft flimmert über dem Asphalt, die Kleidung klebt am nass geschwitzten Körper, die Kehle ist ausgetrocknet – und dann siehst du IHN!

Ein leuchtend roter Automat verspricht schon von weitem die durstlöschende Erlösung mittels eisgekühlter C-o-c-a C-o-l-a. Mit der linken Hand die letzten Schweißperlen von der Stirn wischend, mit der rechten Hand in der Hosentasche das Kleingeld suchend, näherst du dich diesem Quell der unendlichen Erfrischung …

„JAMBAAAAA – drücke die eins für den kotzenden Elch, die zwei für den furzenden Frosch oder die drei für den durchgeknallten Piepmatz! You can't beat this feeeeliiing! Vergiss die Coke, kauf Klingeltöööne!", kräht es dir entgegen.

Plötzlich siehst du dich konfrontiert mit Coca-Colas Symbiose aus Automat und Schwachsinn, kurz: dem Schwachmaten!

Aber du nimmst den Kampf an: Mensch gegen Maschine. Hier manifestiert sich Guerilla Marketing in seinen Ursprüngen: Aktion, Reaktion.

Aber wer alle drei Teile von Schwarzeneggers Familiensaga „Die Terminators" gesehen hat, weiß, wie man mit traumatisierten Maschinen umzugehen hat …

Hasta la vista, Coke!

GUERILLA MARKETING VERLÄSST DIE KONVENTIONELLEN WEGE DES TRADITIONELLEN MARKETINGS

Die Alltagswelt der Kunden neu betreten

Dies geschieht dadurch, dass Sie sowohl zeitlich und räumlich als auch in der Form der Ansprache das vertraute Werbeterrain verlassen und die Alltagswelt Ihrer Kunden neu betreten.

Auf diese Weise werden Ihre Aktionen „un-erwartet", da es in diesem Bereich für den Adressaten neu und ungewohnt ist, dass Sie durch Ihre Ansprache eine unmittelbare Verbindung zu seiner aktuellen Situation herstellen.

SIE BINDEN DEN KUNDEN DIREKT IN IHRE UNTERNEHMENS-KOMMUNIKATION EIN UND VERRINGERN DAMIT DIE NATÜRLICHE DISTANZ ZWISCHEN UNTERNEHMEN UND KONSUMENTEN.

Plötzlich findet eine Interaktion zwischen Ihnen und dem Kunden statt, Sie degradieren ihn nicht mehr zum bloßen Konsumenten von Werbung, sondern fordern eine Reaktion von ihm.

Ausschlaggebend ist ein positiver Kontext

Ausschlaggebend ist jedoch immer ein positiver Kontext, ein vom Konsumenten als positiv empfundener Überraschungsangriff.

3.1.5 Guerilla Marketing ist … kostengünstig

BEISPIEL: DIE GESTOHLENE TREPPE

Ein kleiner Handzettel wurde rechts und links ins Auto geklebt, und zwar an die hinteren Scheiben, wo normalerweise Zettel mit der Aufschrift „Auto zu verkaufen" hängen. Das Auto stand in unmittelbarer Nähe zum Haupteingang der Mönchengladbacher Frühjahrsaustellung, einer Informations- und Verkaufsausstellung für Handel, Handwerk, Dienstleistung und Industrie. Dauer zehn Tage, mit hunderttausend Besuchern.

Folgendes stand auf dem Schild: *„Bei einem Einbruch wurde unsere wunderschöne Holzwangentreppe gestohlen, die sich genau zwischen EG und OG befand. Bei dieser Individualtreppe handelt es sich um eine besondere Demonstration der Treppenbaukunst. Die Holzart ist Buche massiv. Wir hängen sehr an dieser Treppe, weil es sich um ein einzigartiges Unikat handelt. Bitte helfen Sie uns, unsere Treppe wiederzufinden. Sachdienliche Hinweise werden auf Wunsch vertraulich behandelt. Telefon 0 21 66–xx xx xx. "*

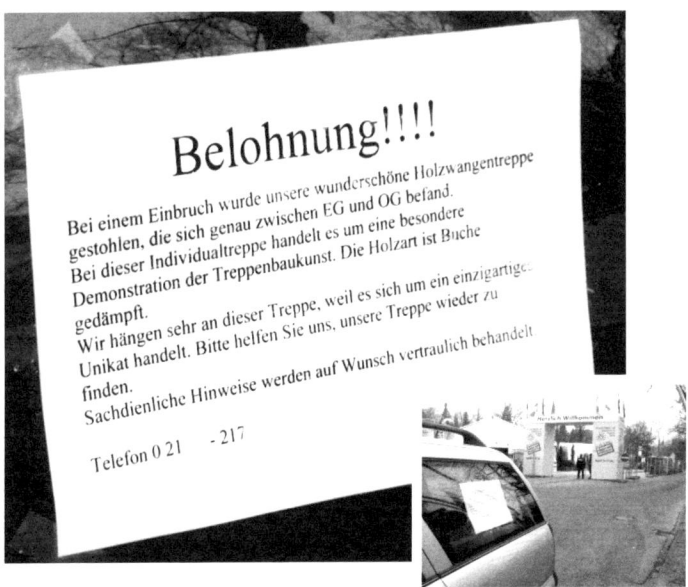

Abb. 6   Im Umfeld von Großereignissen gewinnen (Quelle: MAKS)

Wer nach der Lektüre dieses Zettels neugierig wurde und die angegebene Telefonnummer wählte, bekam Folgendes zu hören: *„Einen guten Tag wünscht Ihnen Ihr Tischlermeister Hermans. Schön, dass Sie uns bei der Suche nach der gestohlenen Treppe helfen möchten. Aber vielleicht möchten Sie ja lieber ebenfalls eine Meister-Treppe besitzen und hätten jetzt gerne ein paar Informationen? Kein Problem. Nennen Sie uns bitte Ihren Namen und Ihre Adresse, und wir schicken Ihnen unverzüglich die gewünschten Informationen zu. Wenn Sie eine persönliche Beratung wünschen, hinterlassen Sie uns bitte auch Ihre Telefonnummer. Vielen Dank für Ihren Anruf. Ihr Tischlermeister Hermans.“*

Auch die Redakteure der lokalen Tageszeitung wurden bereits am zweiten Tag der Ausstellung auf diesen „Fahndungs"-Weg aufmerksam und widmeten ihm sogleich einen Kommentar auf der Titelseite. So wurde zusätzlich noch manch ein Messebesucher schon vorab auf diesen „Ausflug in die Welt des fiktiven Diebstahls" neugierig gemacht, und die allgemeine Aufmerksamkeit wurde auf diese kostengünstige, aber äußerst effektive Aktion gelenkt.

Medieninteresse

53

Tatsächlich meldeten sich auf diese Aktion übrigens fast 90 Anrufer, die alle ihre Adresse angaben. Postwendend wurden sämtliche Interessenten mit Informationen über den Tischlereibetrieb versorgt. Das Ergebnis war, dass durch dieses kleine Blatt Papier insgesamt 24 Aufträge geschrieben werden konnten. Und dabei ging es kein einziges Mal um eine Treppe ...

SETZEN SIE KREATIVITÄT ALS GRÖSSTEN MARKETINGETATPOSTEN EIN

Das Beispiel der vermeintlich gestohlenen Treppe zeigt:

> *GUERILLA-MARKETING-MASSNAHMEN KÖNNEN NICHT NUR DIE WERBEVERDROSSENHEIT DER VERBRAUCHER AUFBRECHEN, SONDERN DARÜBER HINAUS DEN MARKETINGETAT SPÜRBAR ENTLASTEN.*

Und das gilt nicht nur für Guerilla-Aktionen kleiner Unternehmen. Wenn man bedenkt, dass eine ganzseitige Anzeige in der ADAC-Motorwelt satte 102.000 Euro kostet und dafür nur ein einziges Mal erscheint, sind Marketingetat-Umschichtungen in Richtung Guerilla Marketing auch für größere Unternehmen eine durchaus sinnvolle und effiziente Maßnahme. Besonders vor dem Hintergrund, dass jede Anzeige im Durchschnitt nur zwei Sekunden lang betrachtet wird.

Guerilla-Marketing-Aktionen sind kostengünstig – auch für große Unternehmen

Allerdings muss in vielen Marketingabteilungen ein Umdenken einsetzen, oder soll man sagen, ein Realitätssinn wiederkehren, bis mit Guerilla-Kampagnen endlich wieder die gesteckten Kommunikationsziele angestrebt werden. Denn wenn man so will, ist Guerilla Marketing finanziell auch eine Chance, egal ob für große oder kleine Unternehmen.

> *ES IST EIN INDIKATOR DAFÜR, DASS KLASSISCHE WERBUNG MIT DEN DAMIT VERBUNDENEN HOHEN KOSTEN NICHT MEHR FUNKTIONIERT.*

Anzeigen werden nicht mehr gelesen und bei Werbespots schalten die Leute um – wo bitte, liebe Werbetreibenden, liegt also der Grund, weiterhin an diesen konventionellen Werbeformen festzuhalten, obwohl häufig mit geringeren finanziellen Mitteln die gleiche Zielgruppe nicht nur erreicht, sondern sogar fasziniert werden kann?

WERBEERFOLGSKONTROLLE

WERBUNG	KOSTEN	UN-VERZICHTBAR	VER-ZICHTBAR	NICHT EIN-SCHÄTZBAR
TV-Spots				
Radio-Spots				
Anzeigen Magazine				
... Tageszeitung				
... Anzeigenblatt				
... Fachblatt				
... Gelbe Seiten				
... XY				
Firmen-DVD				
Fahrzeugbeschriftung				
Online-Werbung				
Internetauftritt				
Banner-Werbung				
Google-Adwords				
Unternehmensflyer				
Produktbroschüren				
Direktmarketing				
Mailings postalisch				
Mailings per E-Mail				

WERBUNG	KOSTEN	UN-VERZICHTBAR	VER-ZICHTBAR	NICHT EIN-SCHÄTZBAR
Telefonakquisition				
Verkaufsförderaktionen				
Gutscheine				
Gewinnspiel				
Rabattaktionen				
Promotionstände				
Messeteilnahme				
Sponsoring				
Veranstaltungen				
Bandenwerbung				
Trikotwerbung				
Events				
Firmengeburtstag				
Teilnahme Stadtfest				
Produktpräsentation				
Sonderevents (Tag der offenen Tür ...)				
Give-aways				
Kugelschreiber				
Kalender				
Feuerzeuge				

Auch klassische Etatfresser in kleinen und mittelständischen Unternehmen (KMU) sollten bald der Vergangenheit angehören. Betreiben Sie doch mal eine kleine Werbeerfolgskontrolle und stellen Sie alle Ihre Marketingaktivitäten auf den monetären Prüfstand. Nehmen Sie dazu die Tabelle auf den vorigen Seiten zu Hilfe.

Werbeerfolgskontrolle

Die von Ihnen ermittelten Kosten legen wir dann später bei der Planung Ihrer Guerilla-Marketing-Strategie zugrunde. Also, legen Sie los und nutzen Sie dazu am besten die Tabelle auf den folgenden Seiten und ergänzen Sie die Liste mit Ihren individuellen Marketingposten:

- Wie viel haben Sie in den jeweiligen Bereichen investiert?
- Wie schätzen Sie die Relevanz für Ihren betrieblichen Erfolg ein?

3.1.6 Guerilla Marketing ist ... flexibel

Ist Ihnen auch schon mal aufgefallen, dass wir ein recht diskussionsfreudiges Volk sind? Mit Vergnügen ergehen wir uns in nicht enden wollenden Debatten über Für und Wider, Vor- und Nachteile, wenn und aber und überhaupt. Bis wir so weit sind, ist es längst dunkel. Und weil wir vom langen Debattieren auch noch ein bisschen erschöpft sind, packen wir das Diskussionsergebnis erst einmal in die Schublade, bis wir wieder zu Kräften kommen. Kommt Ihnen das bekannt vor? Wenn ja, könnte vielleicht das folgende Zitat helfen, in Zukunft derartige Erfolgverhinderungsdebatten zu umgehen: *„Wir haben kein Defizit an neuen Ideen, wir haben ein Defizit an Umsetzern. Wir haben zu viele Besprecher und zu wenig Bearbeiter."* (Norbert Blüm, 1997)

Dem Wettbewerb immer einen Schritt voraus sein – während er noch überlegt, haben Sie schon längst gehandelt. Denn genau darum geht es:

Dem Wettbewerb immer einen Schritt voraus sein

> GUERILLEROS FACKELN NICHT LANGE, SONDERN SETZEN UM!

Das heißt nicht, dass Ihre Guerilla-Marketing-Kampagne nicht sorgfältig vorbereitet werden muss. Wir haben bereits einige Faktoren angesprochen, die unbedingt beachtet werden müssen, damit Ihre Aktion ein Erfolg wird. Aber wenn Sie das Gefühl haben sollten, dass zwischen einer 99-prozentigen Vorbereitung und einer 100-prozentigen Vorbereitung noch Wochen liegen, zögern Sie nicht länger und fangen Sie an (die Werte können je nach Risikofreudigkeit durchaus variieren).

AUS DER PRAXIS: SCHNELL UND BEWEGLICH

Innovative Idee: Werbung auf Kanaldeckeln

Einem Frisör aus einem netten, beschaulichen Ort am linken Niederrhein kam die Idee, seine Werbung mal nicht in der örtlichen Anzeigenzeitung zu platzieren, sondern auf Kanaldeckeln in der Fußgängerzone. Viele Passanten laufen täglich darüber, sodass er von einer anständigen Werbereichweite und Aufmerksamkeit ausging. Außerdem war die Idee so neu, dass der Frisörmeister zusätzlich mit einer entsprechenden Medienresonanz rechnete. Die Kosten für das Auftragen der Werbung waren schnell eruiert, sie lagen im Bereich einer einmaligen Anzeigenschaltung im Lokalblatt. Und so teilte der Frisör den Stadtoberen seine innovative Idee mit.

Dort witterte man schnell eine zusätzliche Einnahmequelle für das notorisch gebeutelte Stadtsäckel und stimmte freudig dem Vorschlag des pfiffigen Frisörs zu. Allerdings hatte der für die Herstellung zuständige Bauhof noch Bedenken, ob die gewählte Oberflächenbeschichtung denn auch wirklich witterungsbeständig ist, und bat um mehr Zeit zum Experimentieren. Doch Zeit war in diesem Fall das kostbarste Gut, denn in einer kleiner Stadt spricht sich ein solches Projekt schnell herum, und rasch wäre unser Frisör nicht mehr alleine, sondern in trauter Gesellschaft der übrigen Wettbewerber.

WENN EINE AKTION UNGEPLANT VERLÄUFT, VERGEUDEN SIE KEINE ZEIT, SONDERN PASSEN SICH FLEXIBEL AN.

Also schlug er der Stadt und dem Bauhof vor, mal einen Probedeckel herzustellen und zu verlegen. Und damit die neue Werbeform, sozusagen bei „Marktreife", auch von anderen Geschäften in Anspruch genommen würde, sollte man zur ersten Verlegung am besten auch gleich die Medien informieren. Gesagt, getan, der Kanaldeckel wurde beschichtet, die Presse eingeladen – und schon hatte der kreative Frisörmeister eine überregionale Berichterstattung in Print, Funk und Fernsehen. Ach ja, aus den übrigen Kanaldeckeln wurde nichts. Die Beschichtung hielt wirklich nicht lange, aber der positive Effekt durch die Berichterstattung schon.

Abb. 7 Frisörmeister Hündgen im RTL-Interview (Quelle: MAKS)

Sie sehen, wie flexibel der Frisör in dieser Situation reagiert hat. Die aufkommenden Hindernisse (Bauhof, Materialtauglichkeit) wurden direkt aufgegriffen und durch eine neue, angepasste Strategie beantwortet. Anstatt mit der neuen Werbeform der Kanaldeckelwerbung die Kunden direkt zu erreichen, wurde der Fokus auf die mediale Berichterstattung gelegt – und das Ganze ohne Zeitverlust.

AUS DER PRAXIS: FEHLSCHLAG

Unterwegs zu einem Kunden sah Schreinermeister H. am Waldrand einen Stapel frisch gefällter Bäume. Dieser Anblick inspirierte ihn zu der Idee, die Baumscheiben mit schreinereitypischen Verwendungsformen zu beschriften. Auf einem Baum sollte „Küchenschrank unten links" stehen, auf einem anderen „Sideboard", auf dem nächsten „Hängeschrank" und so weiter.

Wenn sich Passanten und Autofahrer der stark frequentierten Straße fragen würden, was das jetzt bedeuten solle, würden sie ein Stückchen weiter den Schreiner-Transporter stehen sehen und könnten dann gedanklich die Brücke „Holz

– Schreiner" schlagen. Und dann würde ihnen klar werden, dass sie gerade Zeuge einer „Möbel-Geburt" werden: eben noch im Wald und morgen schon als Schrank in einer Küche.

Abb. 8 Baum des Anstoßes (Quelle: MAKS)

Mit dieser Aktion wollte der Schreiner auf das Naturprodukt Holz und seine heimische Herkunft hinweisen. Weil er aber nicht so ohne weiteres fremdes Eigentum durch einen Aufdruck beschädigen wollte, versuchte er beim städtischen Forstamt den Besitzer beziehungsweise Käufer der Bäume zu ermitteln. Dummerweise war der aber erst zwei Tage später wieder zu erreichen. Also rief der Schreiner nach zwei Tagen erneut an, um dann festzustellen, dass das der falsche Ansprechpartner war. Nach einer längeren „Ich verbinde Sie weiter"-Telefonorgie teilte dann der richtige Ansprechpartner mit, dass die Bäume an einen niederländischen Holzfabrikanten verkauft worden seien. Dessen Adresse dürfe er aber nicht herausgeben, von wegen Datenschutz und so. Davon ließ sich der Schreiner nicht entmutigen, er wollte jetzt unbedingt diese Aktion umsetzen, vor allem deshalb, weil die Idee im Bekanntenkreis großen Anklang gefunden hatte. Er setzte sich erneut ins Auto und fuhr zum Waldstück hinaus, um die dort tätigen Waldarbeiter inoffziell nach dem Käufer zu befragen, traf aber nur einen Hilfsarbeiter – die anderen hatten schon Feierabend. Am nächsten Tag war er früher da und sah auch schon von weitem die Waldarbeiter – und dass die Bäume weg waren.

LASSEN SIE DEN AUFWAND NICHT GRÖSSER WERDEN ALS DEN ANGESTREBTEN ERFOLG IHRER GUERILLA-AKTION!

Wenn Sie einen Ansatz sehen, mit Ihrer Aktion die Aufmerksamkeit der Kunden noch vor dem Wettbewerb zu gewinnen, lassen Sie keine unnötige Zeit verstreichen. Viele Guerilla-Maßnahmen kann man innerhalb kürzester Zeit planen und umsetzen, und sollte ein Projekt einen größeren Vorlauf brauchen, versuchen Sie eben, Alternativen zu entwickeln.

Keine unnötige Zeit verstreichen lassen

ABER BEISSEN SIE SICH NICHT FEST, AUCH HIER KANN EIN RECHTZEITIGER RÜCKZUG SINNVOLLER SEIN, ALS EIN PROJEKT AUF BIEGEN UND BRECHEN DURCHZUSETZEN.

3.2 Was bringt Ihnen Guerilla Marketing?

Natürlich soll Guerilla Marketing zunächst eines bewirken, nämlich dass die Aufmerksamkeit Ihrer Zielgruppe auf Ihr Produkt, Ihr Dienstleistungsangebot, Ihr Unternehmen gelenkt wird. Dafür haben wir schon diverse Aufmerksamkeitserreger kennen gelernt, eines der wichtigsten, nämlich die Medien, werden wir später (Kap. 5.5) noch ausführlich ansprechen.

Doch mit Aufmerksamkeit allein geht es Ihnen noch nicht gut. Aufmerksamkeit hat für sich allein keinen Wert. Benetton hatte durch seine umstrittene Plakat-Kampagne zwar die ungeteilte Aufmerksamkeit der Republik, hat aber infolgedessen bestimmt nicht mehr Pullover als sonst verkauft. Wohl eher im Gegenteil. Genauso wenig kam der nackte Rugby-Flitzer von Vodafone an, den das „manager magazin" zum Werbeflop des Jahres 2002 wählte. Wenig daraus gelernt hat übrigens das amerikanische Casino „Golden Palace" (Sie wissen schon: das Casino, das den Papst-Golf ersteigert hat), das uns beim Confederation Cup den insgesamt vierten Flitzer bescherte.

Aufmerksamkeit allein hat noch keinen Wert

Es gibt auch Beispiele, in denen die Aufmerksamkeit der Zielgruppe auf positive, sympathische Weise erreicht wurde und das Unternehmen trotzdem nichts davon hatte. Oder könnten Sie jetzt auf Anhieb sagen, welches Unternehmen hinter dem berühmten Moorhuhn-Spiel steckte? Tut mir Leid, aber wenn Sie jetzt Johnnie Walker gesagt haben, muss ich Ihnen mitteilen, dass Sie zu einer Minderheit gehören. Die Antwort ist zwar richtig, aber das wissen die wenigsten.

Die Botschaft Ihrer Kampagne muss stimmen

Bei einer Guerilla-Kampagne kommt es vor allem auf die Botschaft an, die vermittelt wird

Ein kleines Zwischenfazit: Eine originelle Aktion allein kann Ihnen helfen, die Aufmerksamkeit Ihrer Kunden zu erreichen. Eine gelungene Guerilla-Kampagne geht aber wesentlich weiter. Ziel ist dabei nicht nur, weniger Kosten zu produzieren. Es kommt vor allem auf die Botschaft an, die Sie vermitteln.

Die Botschaft Ihrer Kampagne   **PRAXIS**

Ihre Botschaft sollte ...

- erkennen lassen, dass Ihr Unternehmen der Absender ist,
- eine Aussage enthalten, d.h. einen Nutzen kommunizieren,
- verständlich sein,
- unterhalten,
- in direkter Beziehung zu Ihrem Leistungsangebot stehen,
- ethische, kulturelle und religiöse Werte nicht verletzen,
- zu Ihrer Leistungsfähigkeit passen,
- zu Ihrer Zielgruppe passen und
- glaubwürdig sein.

Fallbeispiel

Eine bis dato als „Billiganbieter" bekannte Hotelkette organisierte eine „Demonstration" mit eigenen Mitarbeitern vor einem Luxushotel. Auf Plakaten und Transparenten kommunizierte man die Unsinnigkeit utopischer Preise für eine Übernachtung sowie die eigenen Leistungen und die damit verbundenen günstigen Preise. Gleichzeitig wurden die Medien über die Aktion informiert, die mehr als bereitwillig über diesen „David gegen Goliath"-Schaukampf berichteten. Durch diese

Kampagne konnte nicht nur der Bekanntheitsgrad der Hotelkette sprunghaft gesteigert werden. Es ist darüber hinaus ge-
lungen, sich mit der Botschaft, *„Man kann auch zu günstigen
Preisen angenehm übernachten",* klar zu positionieren und
die Marktnische „guter Preis / gute Leistung" zu besetzen.

Man sieht an diesem Beispiel sehr deutlich, dass Ihnen eine
auf diesen Merkmalen basierende Botschaft dazu verhelfen
kann, sich nicht nur vom Wettbewerb abzuheben, sondern ihm
auch auf lange Sicht einen Schritt voraus zu sein. Sie schaffen
sich nämlich eine Identität!

*Guerilla-Aktionen
schaffen Identität und
Wiedererkennungswert*

> TYPISCHE EIGENSCHAFTEN AUS IHREN GUERILLA-MARKE-
> TING-KAMPAGNEN WIE INNOVATION, KREATIVITÄT UND ORI-
> GINALITÄT ÜBERTRAGEN SICH AUF IHRE UNTERNEHMENS-
> IDENTITÄT UND WERTEN SIE AUF.

Ebenso überträgt sich der Botschaftscharakter der Guerilla-
Aktion auf Ihre Identität. Und Sie wollen sich mit dieser Identität eindeutig und dauerhaft in den Köpfen Ihrer Kunden positionieren, indem Sie durch Ihre Marketing-Strategie festlegen,
welches Bild in der subjektiven Wahrnehmung der Kunden erscheinen soll.

Positionierung

Das ist es letztlich, worauf es Ihren Kunden bei der Kaufentscheidung ankommt. Der Kunde will nicht jede Kaufsituation
neu analysieren und bewerten, bevor er seine Kaufentscheidung trifft.

Sorgen Sie also dafür, durch eine eindeutige Identität das
Fällen dieser Entscheidung zu vereinfachen und damit zu Ihren
Gunsten zu erleichtern. Ihre Kunden sollen wissen, was sie an
Ihnen haben, wofür Sie stehen und warum sie bei Ihnen und
nicht beim Wettbewerb kaufen sollen. Damit haben Sie sozusagen einen Bonus gegenüber Ihrem Wettbewerb, weil Sie es
dann geschafft haben, die Sperrzone für profillose, indiffe-
rente und ungenaue Unternehmenscharaktere zu besetzen.
Dieses Terrain haben Sie nun erobert! Mit diesem klaren gene-
tischen Code müssen Sie sich nicht stets aufs Neue legitimieren, sondern können sich künftig ganz auf die Vermarktung
Ihres Leistungsangebots konzentrieren.

*Den Kunden die Kauf-
entscheidung erleichtern*

3.3 Wer kann Guerilla Marketing einsetzen?

Guerilla Marketing eignet sich für alle Unternehmensformen

Nike kann's. Die Kirche kann's. IKEA kann's. Bäcker Hannen kann's. Sie können es auch. Egal, ob Sie Einzelkämpfer sind oder einem Unternehmen mit 500 Mitarbeitern vorstehen:

DAS GUERILLA-MARKETING-WAFFENARSENAL IST GROSS GENUG, UM FÜR JEDE UNTERNEHMENSGRÖSSE UND FÜR JEDE BRANCHE DIE RICHTIGEN INSTRUMENTARIEN ZUR VERFÜGUNG STELLEN ZU KÖNNEN.

Guerilla Marketing in gemeinnützigen Organisationen und Verbänden

Selbst soziale Verbände oder karitative Organisationen akquirieren mit Guerilla-Marketing-Kampagnen neue Mitglieder, das öffentliche Bewusstsein oder Spendengelder. Häufig werden sie dabei sogar von namhaften Werbeagenturen kostenlos unterstützt, wobei am Ende in der Regel zumindest ein Preis in Cannes für die Agentur herausspringt.

Beispiel amnesty international

Auszug aus einer ai-Pressemitteilung vom 9.12.2004:

AUF KLEINSTEM RAUM GEFANGEN

Aktion von amnesty international nimmt Besucher von Berliner Rathäusern im Fahrstuhl gefangen

Um auf die Diskriminierung und ungerechte Inhaftierung von Menschen in vielen Ländern der Welt aufgrund ihrer sexuellen Identität aufmerksam zu machen, wird amnesty international eine spektakuläre Aktion in zwei Berliner Rathäusern umsetzen.

Die Innenseiten der Fahrstuhltüren werden in Gefängniswände verwandelt. Mit dem Schließen der Aufzugtüren werden die Besucher der Rathäuser im Bezirk Friedrichhain-Kreuzberg und Lichtenberg unerwartet damit konfrontiert, was es heißt, zu Unrecht auf engstem Raum eingesperrt zu sein. [...]

Für die Kreation verantwortlich zeichnete eine Frankfurter Werbeagentur, die dafür bei mehreren Wettbewerben Preise abholen durfte. Zu Recht, wie ich meine. Und weil sich an solchen Aktionen für nichtstaatliche Organisationen Vorteile und Nutzen von Guerilla-Strategien besonders gut ablesen lassen und die Guerilla-Idee dadurch weitere Verbreitung findet, sollte eigentlich jede selbsternannte Guerilla-Agentur mindestens ein „Pro bono"-Projekt als Referenz aufweisen können.

Guerilla Marketing ist ideal für KMU

Eigentlich ist Guerilla Marketing das ideale Instrument für kleine und mittelständische Unternehmen (KMU). Nicht nur, weil diese Unternehmen generell ein kleineres Marketingbudget zur Verfügung haben, sondern auch, weil die charakteristischen Merkmale des Guerilla Marketings – wie Schnelligkeit, Flexibilität und Kreativität – gerade von kleineren Unternehmen leichter umzusetzen sind. Die Team-Einheiten von KMU, die für Marketing, Vertrieb, Verkauf und Produktion zuständig sind, fallen kleiner aus, arbeiten enger zusammen und können somit Gesamtstrategien leichter umsetzen.

KMU können die charakteristischen Guerilla-Merkmale ideal umsetzen

Auch für absolute Marketing-Anfänger geeignet

Vielleicht kann Guerilla Marketing sogar zum großen Marketing-Durchbruch in Deutschland beitragen. Viele kleinere Unternehmen haben sich bisher kaum oder gar nicht mit dem Thema Marketing beschäftigt, weil sie der Meinung waren, das sei nur etwas für große Unternehmen, oder weil sie glaubten, sie würden bereits Marketing betreiben, was in Wirklichkeit aber nur ein bisschen Werbung war.

Mit Guerilla Marketing zum großen Marketing-Durchbruch in Deutschland

Durch den ungewöhnlichen Begriff „Guerilla Marketing" ist jedoch das Interesse an solchen Strategien und Kampagnen in den letzten Jahren gewaltig gestiegen. Entsprechend groß ist die Verbreitung von Informationen und Best-practise-Beispielen in speziellen Branchenorganen wie „Küchen-Profi" oder „Handwerk Magazin", weil die Redaktionen damit einen leichteren Zugang gefunden haben, um ihren Lesern nicht nur die Notwendigkeit von Marketing näher zu bringen, sondern zu zeigen, dass es sogar Spaß machen kann.

Wichtig ist jedoch, dass man dafür nicht acht Semester „Angewandte Guerilla-Marketing-Wissenschaften" studieren muss, sondern sich durch Praxis-Beispiele, praxisorientierte Literatur (wie dieses Buch), Workshops (Termine auf meiner Homepage: www.maks.info) und Experten-Tipps (Termine bei meiner Sekretärin) selbst in die Materie einarbeiten kann. Wie Sie sehen, halten Sie alles was Sie brauchen, gerade in Ihren Händen (leichte Ironie eingeschlossen).

Die Strategie des Guerilla Marketings kann man sich leicht aneignen

Noch ein kleiner Nachtrag

Guerilla Marketing eignet sich auch für Privatleute

Selbst Privatleute können Guerilla Marketing einsetzen, z.B. um eine politische Einstellung der breiten Öffentlichkeit mitzuteilen. Zumindest dachte so Joshua Kindberg aus New York während des US-amerikanischen Präsidentschaftswahlkampfs 2004. Auf seiner Internetseite konnte jeder, der mit 120 Zeichen auskam, seine persönliche Meinung über George W. Bush loswerden. Und damit das nicht nur den Besuchern seiner Internetseite, sondern einer breiten Öffentlichkeit zugänglich gemacht werden konnte, verschickte sich diese Mitteilung mittels neuester Übertragungstechnik automatisch auf Kindbergs eigens entwickelten Fahrraddrucker, mit dem er auf New Yorks Straßen unterwegs war. Der übertrug dann die Anti-Bush-Parolen, die Kindberg selbst vorher gesichtet hat, in übergroßen Kreidelettern auf den Asphalt. Der ganz persönliche Guerilla-(Wahl-)Kampf des Joshua Kindberg gegen den mächtigsten Mann der Welt – das Ergebnis ist Geschichte.

3.4 Begriffsinflation: Schlagworte sind nur etwas für Agenturen

Jetzt reicht's. Wirklich. Ich habe es bis hier oben stehen. Erst haben wir uns über Marketing unterhalten und dabei verschiedene Grundbegriffe und Verfahren kennen gelernt. Gut. Ist ja nicht verkehrt, sollte man mal gehört haben. Anschließend kam dann das Guerilla Marketing ins Spiel, ebenfalls mit seinen besonderen Eigenheiten und Strukturen. Ist ja auch o.k., darum geht es schließlich in diesem Buch. Aber was jetzt an Begrifflichkeiten aufgefahren wird, ist des Guten zu viel.

Begriffsdschungel in der Welt des Marketings

Wenn Sie jetzt weiterlesen, werden Sie bestimmt glauben, ich könnte Ihre Gedanken lesen. Denn was ich gerade eingangs geschrieben habe, gibt nicht etwa meine momentane Gemütsverfassung wieder. Nein, diese Sätze werden Sie denken und zwar genau jetzt, während Sie erfahren, dass wir uns nun mit Ambush Marketing, Ambient Marketing, Buzz Marketing, Viral Marketing und Moskito Marketing beschäftigen werden.

Abgesehen davon, dass viele Agenturen und Berater Marketing als anglo-amerikanische Disziplin verstehen (wollen) und es deshalb auf diesem Feld vor Anglizismen nur so wimmeln lassen, muss anscheinend auch die letzte Handlungsstruktur in preußischer Manier begrifflich bezeichnet und kategorisiert werden. Und als wäre es damit noch nicht genug, beginnen anschließend fröhliche semantische Grabenkriege und Definitionskämpfe, gepaart mit Separatismusversuchen und Unabhängigkeitserklärungen. Aber sind wir nicht alle ein bisschen Guerilla? Bevor Sie jetzt denken, der Autor sei nicht nur das, sondern noch etwas ganz anderes, lassen Sie mich erklären, was ich meine.

3.4.1 Ambush Marketing

Bei dieser Variante des Marketings profitieren Sie als Trittbrettfahrer von Großereignissen, ohne eine offizielle Sponsorenstellung erworben zu haben, also ohne sich finanziell daran zu beteiligen. Dazu zählt etwa das Beispiel des Tischlermeisters Hermans und seiner gestohlenen Treppe (Kap. 3.1): Es hat gezeigt, wie man auch ohne teuren Messestand wahrgenommen werden kann.

Als Trittbrettfahrer von Großereignissen profitieren

Weitere Möglichkeiten ergeben sich bei sportlichen Großveranstaltungen. Hier lassen sich auf kreative Weise die häufig recht hohen Sponsoringbeiträge sparen. Aber aufgepasst: Die Gefahr, damit einen bestimmten Rechtsbereich zu verletzen, ist groß. Für die einen mag es zwar nur ein Kavaliersdelikt sein, für die anderen jedoch ein grobes Foul.

Die FIFA hat deshalb für die Fußball-WM 2006 eine ganze Armada von Rechtsanwälten eingesetzt, um jede Form des Trittbrettfahrens zu unterbinden. In gewissem Sinn ist das nachvollziehbar, wenn man bedenkt, dass ODDSET oder die Telekom als nationale Förderer der deutschen Nationalmannschaft knappe 13 Millionen Euro auf den Tisch blättern mussten. Beinahe mickrig wirkt das jedoch wiederum im Vergleich mit den offiziellen Partnern der WM, die für 45 Millionen Euro in der Loge sitzen dürfen.

Achtung: Zunächst sollten die rechtlichen Voraussetzungen geprüft werden

Aber dass der so genannte Sponsoren-Schutz manchmal skurrile Stilblüten hervorbringen kann, zeigt das Beispiel AOL. Die Namensgeber der Hamburger Fußballarena wurden nämlich aufgefordert, ihr Logo von den Kacheln der Toiletten zu entfernen.

Auch die niederrheinische Borussia hat mit diversen Unternehmen Exklusivverträge abgeschlossen, die ein werbliches Auftreten unmittelbarer Wettbewerber im Stadion ausschließen. Für die Disziplin „Brot und Brötchen" hatte sich Kamps diese Rechte gesichert. Das machte es für den Bäckermeister

Hannen so gut wie unmöglich, seine Produkte bei Heimspielen zu vermarkten. Bis ihm das rheinische Winter-Brauchtum Hilfestellung gab: Da er stets als offizieller Förderer des Mönchengladbacher Prinzenpaares aktiv war, machte er sich den obligatorischen Stadion-Besuch der Tollitäten beim karnevalsnahen Heimspiel zunutze und ließ es sich nicht nehmen, den beiden kurz vor Anpfiff an der Mittellinie eine Torte zu überreichen. Auch wenn wir gerade über Fußball und nicht über Baseball reden – „Strike"!

Dennoch sollten Sie bei solchen Aktionen eines beachten:

WENN SIE SICH FÜR AMBUSH-MARKETING-AKTIONEN ENTSCHEIDEN, PRÜFEN SIE VORHER DIE GESETZLICHEN VORAUSSETZUNGEN JEDER MASSNAHME GRÜNDLICH.

Bringen Sie in Erfahrung, ob Patent- oder Hausrechte verletzt werden, damit es nicht nachträglich doch noch ein teures Sponsoring wird.

3.4.2 Buzz Marketing

Wenn Bekannte von Ihnen plötzlich in auffälliger Weise ständig von einem bestimmten Produkt schwärmen, kann es sein, dass Sie auf Buzz Agents getroffen sind. Immer mehr Privatpersonen lassen sich von Unternehmen mit Produktproben, Vergünstigungen oder auch Geld versorgen, um deren Produkte im eigenen Bekanntenkreis, am Arbeitsplatz, in der Schule, im Sportverein oder wo auch immer zu empfehlen. Und manche gehen dabei sogar so weit, dass sie ihre Stirn als Werbefläche vermieten.

Privatpersonen erhalten Produktproben und machen als Gegenleistung Werbung im Bekanntenkreis

In den USA sind es häufig Studenten, die von Unternehmen regelrecht angestellt werden, um in Gesprächen oder durch Promotion-Aktionen in studentischen Kreisen auf das Produkt aufmerksam zu machen. Aber auch in Deutschland wird das Thema institutionalisiert, indem sich im Internet Portale als Mittler zwischen Unternehmen und werbewilligen Privatpersonen anbieten – so etwa das Portal trnd („the real network dialogue"): *trnd ist das Ende von nerviger Werbung. trnd ist eine neue Form, wie Unternehmen außergewöhnlich gute Produkte, Trends und Services bekannt machen können. Die trnd-Mitglieder können sich diese neuen, coolen Produkte aussu-*

chen und zum längeren Test nach Hause liefern lassen. Sind sie von den Produkten überzeugt, dann erzählen sie einfach ihren Freunden und Bekannten davon und machen die Produkte per Mundpropaganda bekannt – ganz ohne nervige Werbung. Freiwillig, ohne Kosten und mit viel Spaß!"

Tja, und da viel Spaß auch deutschen Studenten viel Spaß macht, habe ich leider keine Probleme mir vorzustellen, dass sie es auch praktizieren. Schwierigkeiten habe ich jedoch, wenn ich versuche, mir ein unter diesen Vorzeichen geführtes Gespräch vorzustellen. Aber dafür haben wir ja Kabarettisten. Oder sollten die etwa auch ...?

3.4.3 Ambient Marketing

Als Ambient Marketing bezeichnet man besondere Werbeformate, die bei jüngeren Zielgruppen eingesetzt werden.

Werbeformate, die jüngere Zielgruppen ansprechen

Abb. 9 Bierdeckel-Werbung für Clubs (Quelle: amber media 2006)

Geplant wird der Einsatz dort, wo sich die Multiplikatoren der jeweiligen Zielgruppe hauptsächlich aufhalten (Diskotheken, Bars, Toiletten, Universitäten, Kinos usw.). Elementare Bestandteile der Formate sind „Spaß" und „Unterhaltung".

Abb. 10 Ambient Marketing für Schuhe in Covent Garden, London (Quelle: MAKS)

3.4.4 Moskito Marketing

Was man von der Natur doch alles lernen kann: Die kleinen Moskitos können es durch viele kleine, gezielte Stiche auch mit großen Tieren aufnehmen.

Genauso können kleinere Unternehmen durch geschicktes Reagieren auf das Vorgehen grösserer Unternehmen Kosten minimieren und ihre Marktanteile vergrössern.

Dafür beobachten sie aber nicht nur das Marketing-Verhalten der ungleich größeren Wettbewerber, sondern sind auch noch näher am Kunden dran. Statt mit einem eigenen Marketingkonzept zu arbeiten, versuchen Sie, die Schwächen und Fehler der scheinbar übermächtigen Konkurrenz auszunutzen. Nicht selten gelingt es dabei, Marktnischen zu identifizieren und zu besetzen.

Kleinere Unternehmen können vom Marketing-Verhalten größerer Wettbewerber profitieren

Beispiel

„Die Schwächen der Großen sind die Steilvorlagen für die Kleinen", dachte sich beispielsweise ein Schreinermeister und beobachtete sehr genau das Marktverhalten eines großen Möbelhauses, das dafür bekannt war, günstige Möbel im Angebot zu haben, die man jedoch selbst zusammenbauen musste. Bei einem kleinen Schrank macht das vielleicht noch Vergnügen, aber bei einer kompletten Küche hört genau das auf. Dennoch sind bei besagtem Möbelhaus auch die Küchen so günstig, dass viele Kunden den Kampf mit Hundertschaften von Schrauben und Dübeln aufnehmen – und nicht selten verlieren. Entweder einen Teil der Küche oder den Ehepartner, der inzwischen wutschnaubend über das eigene Unvermögen das Weite gesucht hat.

Der Schreiner hielt die Zeit für gekommen, um sowohl komplexe Möbeleinbauten als auch Ehen zu retten, und reagierte. Als das Möbelhaus das nächste Mal komplette Küchen im Angebot hatte, stand an der Parkplatz-Ausfahrt der Firmenwagen des Schreiners mit der Aufschrift *„Festpreis xx Euro – und Sie können schon heute Abend in Ihrer neuen Küche kochen. Ihr Schreiner Schlau",* darunter seine Telefonnummer. Das Gleiche wiederholte er bei der Wohnzimmer-Werbeaktion (*„Festpreis xx Euro – und Sie können schon heute Abend im neuen*

Wohnzimmer Besuch empfangen."), bei der Schlafzimmer-Ak-
tion sowie der Kinderzimmer-Aktion des Möbelhauses.
Fazit: Der angebotene Festpreis passte zur Zielgruppe des
Möbelhauses. Die Aussicht, ein günstiges Angebot ohne
schweißtreibendes Möchte-gern-do-it-yourself in Gebrauch
nehmen zu können, war mehr als verlockend und bescherte
dem Schreiner ein attraktives Nischendasein im Schatten des
großen Möbelhauses. Selbst die Versuche des Möbelhauses,
einen eigenen Aufbau-Service zu etablieren, schlugen fehl, da
der Schreiner seine Festpreise noch nicht mal anpassen musste, um günstiger zu sein.

Eigentlich kommt Moskito Marketing dem Guerilla Marketing
sehr nahe, insbesondere was die Kundenorientierung, Flexibi-

Moskito Marketing wird
ausschließlich von KMU
ausgeübt

lität und Schnelligkeit angeht. Dennoch wird es ausschließlich
von kleinen und mittelständischen Unternehmen ausgeübt,
während große Unternehmen sich des Gesamtinstrumentari-
ums „Guerilla Marketing" bedienen.

3.4.5 Virales Marketing

Initiierung von Kommuni-
kation über das eigene
Leistungsangebot

Die Initiierung von Kommunikationsprozessen über das eigene Leistungsangebot bedeutet, dass Sie einen Virus in die Welt
setzen, der sich schnell verbreiten und Sie, Ihr Unternehmen
oder Ihre Produkte bekannt machen soll. Mögliche Kommuni-
kationskanäle bilden dabei die direkte Kommunikation mit
Multiplikatoren oder die indirekte Form, z.B. über das Internet.
Die Fortpflanzung des Virus erfolgt durch Empfehlungen. Sie
haben zum Beispiel im Internet gelesen, dass mein Buch richtig gut sein soll und dass man es jedem empfehlen kann, der
sich intensiv mit dem Thema Guerilla Marketing beschäftigen
möchte. Also haben Sie das Buch gekauft und gesehen, dass
alle Aussagen zutreffend waren. Also erzählen Sie das beim
nächsten Unternehmertreffen weiter, diskutieren darüber in
Internetforen und schreiben positive Rezensionen für Inter-
net-Buchhandlungen, und genauso machen es Millionen andere – und so werde ich reich und berühmt und lasse Holly-
wood mein Leben verfilmen, und Sie sind richtig beliebt, weil
Sie einen so guten Tipp weitergegeben haben. Davon haben
wir also beide etwas, oder?
Das ist uns aber eigentlich viel zu ungesteuert und dem
Zufall überlassen. Virale Marketing-Kampagnen funktionieren

wesentlich stringenter. Sie haben alles richtig gemacht, wenn jemand auf Ihre virale Offerte stößt und denkt, dass er anderen unbedingt davon erzählen muss, weil ...

Setzen Sie Kommunikations- prozesse in Gang

- es so witzig ist,
- es so irritierend ist,
- es so unkonventionell ist,
- es so nützlich ist, oder
- es eine Kombination aus allem und noch viel mehr ist.

Dann wird dieses Gefühl von den anderen geteilt, sodass sie ebenfalls anderen davon erzählen müssen. Und genau dieses Gefühl hatte ein ehemaliger Schulfreund, als er mir kurz vor der Bundestagswahl per E-Mail einen Link schickte, den ich mir unbedingt mal ansehen müsse. Das sei total witzig und so etwas hätte ich bestimmt noch nicht gesehen und so weiter. Natürlich bin ich neugierig geworden und klickte schnell den Link an. Und was ich dann sah, fand ich in der Tat total witzig, und ich hatte so etwas vorher wirklich noch nicht gesehen und musste dann unbedingt anderen davon erzählen:

Abb. 11 Bundesdance (Quelle: www.bundesdance.com)

Kommt Ihnen das bekannt vor? Die Tanzsolisten von „Bundesdance" sind allein durch virales Marketing in vermeintlich politisch interessierten Kreisen bekannt geworden. Innerhalb weniger Tage wurden mehrere Millionen Page-Impressions gezählt, teilte die dafür verantwortliche Agentur mit. Und das eigentliche Ziel, nämlich neue Nutzer für den Webauftritt der Süddeutschen Zeitung zu gewinnen, ist mehr als erreicht worden.

So, wenn es in Ihrem Kopf jetzt vor lauter Irgendwas-Marketing-Begriffen nur so buzzt, ambushed und viralt, kommt nun die Entwarnung: Vergessen Sie die Begriffe getrost wieder. Die sind nur für Agenturen wichtig. Aber bitte merken Sie sich die Instrumente, die Ihr Guerilla-Marketing-Repertoire weiter aufstocken können.

JE MEHR INSTRUMENTE SIE BEHERRSCHEN, UMSO VARIANTENREICHER KÖNNEN IHRE GUERILLA-KAMPAGNEN AUSFALLEN UND IHRE WIRKUNG STEIGERN.

4 PLANUNG IHRER GUERILLA-MARKETING-STRATEGIE

„Der General, der eine Schlacht gewinnt, stellt vor dem Kampf im Geiste viele Berechnungen an. Der General, der verliert, stellt vorher kaum Berechnungen an. So führen viele Berechnungen zum Sieg und wenig Berechnungen zur Niederlage – überhaupt keine erst recht!"
(Sunzi – „Die Kunst des Krieges", ca. 500 v. Chr.)

Die einen begehen das Mozart-Jahr, andere das Heine-Jahr und wieder andere befinden sich im Jahr des Drachen. Mit der Festlegung der Guerilla-Marketing-Strategie bestimmen Sie ebenfalls ein Jahres-Motto, das sicherstellen soll, dass Ihre Guerilla-Marketing-Kampagne so abläuft, wie Sie es sich vorgestellt haben.

ERFOLG HAT ZWAR NICHTS MIT ZUFALL ZU TUN, ABER OHNE EINE GRÜNDLICHE PLANUNG DER VORGEHENSWEISE UND DER DAFÜR ZU VERWENDENDEN RESSOURCEN WIRD IN DEN MEISTEN FÄLLEN DER ERFOLG AUSBLEIBEN.

Andererseits haben Sie durch eine gründliche Planung immer noch keine Garantie auf Erfolg, aber die Wahrscheinlichkeit ist doch um ein Vielfaches größer – und schaden kann die Planung auch nicht.

Eine gründliche Planung erhöht die Erfolgswahrscheinlichkeit

Da wir also nicht vorhaben, aufgrund mangelhafter Vorbereitung Ihre Guerilla-Marketing-Kampagne und den damit angestrebten Erfolg zu gefährden, wollen wir die Planung Ihrer Guerilla-Marketing-Strategie ausführlich behandeln. Dabei stellen wir zunächst alle relevanten Informationen zusammen und analysieren diese – vom eigenen Leistungsangebot über Ihre Kunden und das spezifische Umfeld bis hin zum Kommunikationsziel, also der Frage, was Sie Ihren Kunden vermitteln und was Sie damit erreichen wollen.

Zusammenstellung und Analyse relevanter Informationen

Die Strategieplanung ist für Sie der entscheidende Schritt in der Vorbereitung der Guerilla-Kampagne. Je gründlicher Sie sich damit befassen, umso mehr steigern Sie die Erfolgswahrscheinlichkeit Ihrer Kampagne. Sie legen damit das gedankliche Fundament, auf das Sie mit einer Idee und der jeweiligen

Die entwickelten Strategien sind Gestaltungsrichtlinien für die Guerilla-Maßnahme

Umsetzung bauen können. Oder besser gesagt: bauen müssen. Denn die entwickelten Strategien sind direkte Gestaltungsrichtlinien für die Guerilla-Marketing-Maßnahmen.

Strategieplanung für eine Guerilla-Maßnahme — **PRAXIS**

- Bestimmen Sie den Produktbereich, der in den Maßnahmen verwendet werden soll.
- Bestimmen Sie das Marktsegment, d.h. auf welche Kundengruppen sich die Guerilla-Maßnahmen konzentrieren sollen.
- Definieren Sie den Kundennutzen, der kommuniziert werden soll.
- Legen Sie die Offensivstrategie gegenüber dem Wettbewerb fest.
- Ermitteln Sie die dafür bereitzustellenden finanziellen Ressourcen.

Eine sorgfältige Planung unterstützt den Ideenfindungsprozess

Aus einer gründlich geplanten Strategie lassen sich häufig schon die dazu passenden kreativen Maßnahmen ableiten. Somit unterstützt Sie eine sorgfältige Planung später im Ideenfindungsprozess. Wie Sie diesen sinnvoll und effizient gestalten, können Sie übrigens in dem Titel „99 Tipps für Kreativitätstechniken" nachlesen, der in der gleichen Reihe wie dieses Buch erscheint.

4.1 Stimmt Ihr Angebot noch?

Vor der Entwicklung Ihrer Guerilla-Strategie sollten Sie zunächst gedanklich eine Inventur vornehmen, wobei es nicht um eine quantitative Erhebung geht, sondern um eine qualitative Bewertung Ihres Leistungsangebots. Es wäre doch z.B. ziemlich unpassend, wenn Sie eine pfiffige, innovative Guerilla-Kampagne durchführen, Ihr Angebot aber völlig antiquiert ist. Stellen Sie darum Ihr Angebot komplett auf den Prüfstand und selektieren Sie die Produkte bzw. Leistungen (Stärken), die Ihrer Meinung nach für eine Guerilla-Marketing-Kampagne geeignet sind. Versuchen Sie dabei, Marktnischen zu identifizieren, die Sie mit Guerilla-Aktionen besetzen können.

Marktnischen identifizieren, die mit Guerilla-Aktionen besetzt werden können

4.1.1 Was verkauft die Konkurrenz nicht?

Gibt es Produkte oder Leistungen, die der Wettbewerb nicht anbietet, die sich in Ihrem Sortiment aber ganz gut machen würden? Das könnte auch völlig aus der Art schlagen, dachte sich ein Herrenausstatter und nahm kurzerhand Kaffeebohnen für Vollautomaten in sein Angebot auf.

Abb. 12 Kreative Sortimentserweiterung (Quelle: MAKS)

Den Begriff „Einzelhandel" darf es eigentlich gar nicht mehr geben. Viele erfolgreiche Beispiele belegen, dass der Kunde heutzutage mehr wünscht als nur das auf ein Sortiment beschränkte Angebot.

Erweitern Sie Ihre Produktpalette

Abstrahieren Sie daher Ihre Produktpalette zu einem Thema, das die Aufnahme weiterer Sortimente zulässt. Im Herrenausstatter-Beispiel lautet das Thema „Schönes zum Wohlfühlen". Das schließt nicht nur hochwertige Kaffeesorten ein, sondern das könnten auch Schuhe sein oder Wohnaccessoires. Apotheken präsentieren sich immer häufiger als „Gesundheitshäuser" mit einem eigenen Gesundheits-Seminarprogramm, Drogerie- oder gar Parfümerie-Artikeln. Und selbst Frisörsalons verlassen alte Angebotspfade und richten unter dem Motto „Wellness" Kosmetik- und Massageabteilungen ein.

Warum fällt es dem Einzelhandel so schwer, auf seine Kunden und ihre Bedürfnisse (und die sind nun mal anders als vor zwanzig Jahren) einzugehen und ihnen etwas Neues anzubieten? Solange sich in der derzeitigen Situation niemand bewegt, ist es umso einfacher, mit einem außergewöhnlichen Angebot sowohl die Aufmerksamkeit als auch die Kaufbereitschaft neuer und alter Kunden zu gewinnen.

Aufmerksamkeit und Kaufbereitschaft durch ein außergewöhnliches Angebot gewinnen

VERKÜRZEN SIE IHREN KUNDEN DIE WEGE UND ERWEITERN SIE IHR SORTIMENT UM VERWANDTE PRODUKTE. STEIGERN SIE DEN ERLEBNISWERT EINES EINKAUFSBESUCHS IN IHREN RÄUMEN, INDEM SIE IHR ANGEBOT THEMATISCH PASSEND ERWEITERN.

In diesem Zusammenhang können selbst Geschäftsaufgaben in der Nachbarschaft zu einer Chance, zu Ihrer Chance, werden. Lassen Sie nicht zu, dass diese Kunden abwandern und vielleicht in Zukunft auch nicht Ihretwegen wiederkommen.

Kooperationen mit Geschäftsnachbarn

Überlegen Sie und binden Sie dazu auch Ihre Geschäftsnachbarn ein, ob und wie Sie gemeinsam das Sortiment sinnvoll in Ihr eigenes Angebot integrieren können.

Ich rufe nicht nach einer Renaissance der „Tante-Emma-Läden" und auch nicht nach einem Produktangebot auf Bauchladen-Niveau. Im Gegenteil, die Produkterweiterung soll die Attraktivität Ihres Angebots steigern. Das bedeutet, es muss weiterhin schnell und eindeutig erkennbar sein, wofür Sie stehen und was Sie anbieten.

Ich weiß, Ihr Platzangebot ist auch nur begrenzt und Sie wissen nicht so recht, wie Sie da noch ein anderes Sortiment unterbringen sollen. Aber mal ganz ehrlich, welche Alternativen haben Sie denn? Mit welchen Mitteln wollen Sie sich gegen die ständig exzessiver werdenden Preisschlachten der großen Häuser noch weiter zur Wehr setzen? Bleibt Ihnen nicht als einzige Möglichkeit nur noch der Schritt zum Besonderen, zum Außergewöhnlichen? Und das lässt sich beim Leistungsangebot noch am ehesten verwirklichen.

Existenzsicherung durch den Schritt zum Besonderen

Oder haben Sie bei Peek & Cloppenburg schon mal Kaffee gekauft?

4.1.2 Was verkauft die Konkurrenz zu welchem Preis in welcher Qualität?

Prüfen Sie, ob eine antagonistische Strategie Erfolg versprechend sein kann. Wenn ein Wettbewerber zu wesentlich höheren Preisen verkauft, bleiben Sie bei niedrigen Preisen oder senken Sie sie gegebenenfalls und stellen das in Ihrer Guerilla-Marketing-Kampagne heraus.

Eine antagonistische Strategie kann Erfolg versprechend sein

FALLBEISPIEL: DUMPINGPREISE FÜR VERDÜNNUNGSMITTEL

Absolut guerillamäßig handelte auch ein Fachgeschäft für Farben und Lacke. Das stellte plötzlich fest, dass ein bestimmtes Verdünnungsmittel überhaupt nicht mehr nachgefragt wurde und dass sogar manche Kunden wegblieben. Ein Lieferant dieses Geschäfts konnte tatsächlich auch eine Erklärung dafür liefern. Er hatte nämlich von einem Lieferantenkollegen, der dieses Lösungsmittel ausliefert, erfahren, dass ein anderes Fachgeschäft dieses Produkt zu regelrechten Dumpingpreisen anbietet. Und die Kunden kauften nicht nur das Lösungsmittel, sondern versorgten sich auch gleich mit weiteren Produkten.

Um nicht noch mehr Kunden zu verlieren, organisierte unser Geschäftsmann sofort einen Kauftrupp, der den Lösungsmittelbestand des Preisbrechers fortan aufkaufte. Anschließend stellte er nur ein sehr knappes Angebot des Mittels in seine Regale, versprach aber jedem Interessenten, das Lösungsmittel noch am gleichen Tag besorgen und liefern zu können. Diese Chance hatte das andere Geschäft nicht, da es vom normalen Lieferantenturnus abhängig war. So konnte nicht nur die Nachfrage befriedigt, sondern auch die eigene Service-Kompetenz betont werden.

Die Beobachtung des Wettbewerbs kann Ihre Guerilla-Strategie beeinflussen

Zugegeben, das Beispiel lässt sich gewiss nicht verallgemeinern. Es soll auch nur aufzeigen, dass eine Beobachtung des Wettbewerbs und der von ihm angebotenen Produkte und Preise nicht nur unerlässlich ist, sondern unter Umständen auch Einfluss auf Ihre Guerilla-Strategie nehmen kann.

Gleiches gilt auch für die Qualität der Wettbewerbsprodukte. Wenn der Wettbewerber eine wesentlich höhere Qualität anbietet, als Sie es können, wäre es die falsche Strategie, ihm um jeden Preis nacheifern zu wollen. Insbesondere, wenn er sich damit bereits etabliert hat. Eine solche Me-too-Strategie wäre nur dann ratsam, wenn der Verlust von Kunden droht.

ANSONSTEN SOLLTEN SIE SICH ÜBERLEGEN, OB ES NICHT VIEL EINFACHER WÄRE, DIE QUALITÄT IN ANDEREN PRODUKTBEREICHEN ZU ERHÖHEN UND DAFÜR EIN ALLEINSTELLUNGSMERKMAL ZU ÜBERNEHMEN.

4.1.3 Sind Ihre Produkte technisch auf dem höchsten Stand?

Kein Kunde möchte etwas kaufen, das eigentlich technologisch schon überholt ist. Allerdings ist es heutzutage wesentlich schwerer als früher, wenn nicht sogar unmöglich, den Überblick darüber zu behalten, was „up-to-date" ist und was eigentlich schon in den Bereich „Dampfradio" gehört. Die Produktzyklen wechseln immer schneller, ständig wird der Verbraucher mit neuen Produkten, Upgrades und Modellen konfrontiert. Das Ergebnis: Bald wissen nur noch Freaks, welches Produkt brandneu ist und den neuesten Forschungsstand der Technik wiedergibt. Entsprechend hält sich der Verbraucher zunächst zurück, er wartet ab. Er wartet auf Testberichte, er wartet auf Erfahrungsberichte im Bekanntenkreis, er verfolgt Fachforen im Internet. So wie man bei neuen Autos und neuer Software schon immer die Einführungsphase abwartete, bis Rückrufaktionen und Nachbesserungen gelaufen waren, überträgt sich das Verbraucherverhalten auf immer mehr Branchen.

Problem: Die Produktzyklen wechseln immer schneller

In dieser Situation gewinnt derjenige Unternehmer, der glaubhaft kommunizieren kann, dass sein Produktangebot dem – wenn auch nicht neuesten – aber doch derzeit besten

Stand der Forschung entspricht – technisch, in Bezug auf „Kinderkrankheiten", im Hinblick auf Wartung und Reparaturanfälligkeit. Damit entledigen Sie sich auch der Pflicht, ständig die aktuellsten Produktneuheiten einkaufen zu müssen. Stattdessen pflegen Sie Ihr Image, dass man bei Ihnen stets solide und qualitativ hochwertige Ware bekommt, die nicht reparaturanfällig ist.

Kommunizieren Sie, dass Ihre Produkte auf dem besten Stand der Forschung sind …

Zusätzlich bieten Sie einen schnellen Reparaturservice für die Kunden an, die beim großen Wettbewerber den „letzten Schrei" gekauft haben und plötzlich, von unerwarteten „Macken" des wertvollen Teils verärgert, lieber zu Ihnen kommen. Und – Sie ahnen es schon – diese „Macken" und Ihre Solidität können in Ihre Guerilla-Marketing-Kampagne eingearbeitet werden.

… und bieten Sie zusätzlichen Service an

4.1.4 Sind Sie auf neue Trends vorbereitet?

Sie müssen ja nicht gleich einen eigenen Trendscout beschäftigen. Aber Sie sollten schon darüber informiert sein, was die Trends von morgen sind und welche Produkte und Dienstleistungen dazu gehören beziehungsweise entsprechend angepasst werden sollten. Besuchen Sie dafür die entsprechenden Internet-Angebote Ihrer Zielgruppe, möglichst auch die jeweiligen Foren. Nehmen Sie auch international das Angebot ins Visier, nach wie vor kommen die meisten Trends aus dem anglo-amerikanischen Raum.

Die Internet-Angebote der Zielgruppe verfolgen

4.1.5 Ändern sich für Sie relevante rechtliche Rahmenbedingungen?

Als die Besteuerung der Lebensversicherung zum 1. Januar 2005 beschlossen wurde, startete so manche Versicherungsgesellschaft eine bis dahin beispiellose Marketinginitiative, um noch im Jahr 2004 die höchstmögliche Anzahl von Policen abzuschließen. Ein ähnliches Symptom: Branchenübergreifend ist für Ende 2006 ein erhöhtes Kaufverhalten durch die Erhöhung der Mehrwertsteuer von 16 auf 19 Prozent im Jahr 2007 zu erwarten.

ACHTEN SIE GENAU AUF MÖGLICHE SIGNALE DER SIE TANGIERENDEN GESETZGEBENDEN GEWALT, UM IHR LEISTUNGSANGEBOT UND DAS DAMIT VERBUNDENE GUERILLA MARKETING FRÜHZEITIG DANACH AUSZURICHTEN.

4.1.6 Was sind die Ladenhüter?

Ladenhüter sollten aus der Produktpalette gestrichen werden

Unterstellen wir einfach mal, Sie hätten welche. Versuchen Sie zunächst, Erklärungen dafür zu finden, warum dieses Produkt oder jenes Dienstleistungsangebot so schwach nachgefragt wird. Vielleicht liefert schon die Beobachtung des Wettbewerbs (niedriger Preis, bessere Qualität, schnellere Lieferung usw.) die Antwort. Sollten sich keine schlüssigen Ansätze finden lassen, um den Absatz zu steigern, hilft nur eines: Raus damit! Und zwar auf eine völlig neue Art und Weise – natürlich mit einer Guerilla-Marketing-Kampagne.

Was ist Ihnen wichtig?　　　　　**P R A X I S**

Ergänzen Sie den Angebot-Check, den wir in Kapitel 4.1 durchgegangen sind, auch durch eigene Fragestellungen. Erst wenn Sie sich sicher sind, dass Ihr Leistungsangebot vollständig auf die Bedürfnisse des Marktes ausgerichtet ist, sollten Sie in der Planung Ihrer Guerilla-Marketing-Strategie einen Schritt weiter gehen.

4.2 An wen soll sich Ihre Aktion richten?

Beispiel

Die Inhaberin einer Mode-Boutique rief mich an und bat um Unterstützung bei einem Kundenmailing. Sie wollte ihre Kundschaft über ein neues Label informieren, das sie ganz aktuell in ihr Sortiment aufgenommen hatte und das sich ausschließlich an ... sagen wir mal: etwas fülligere Damen richtete.

Als wir dann konkreter wurden und ich sie nach den selektierten Adressen von Frauen, deren Konfektionsgröße zum neuen Label passte, fragte, guckte sie mich zuerst verständnislos an und meinte anschließend: *„Solch einen Firlefanz machen wir nicht, wir schreiben natürlich alle Kundinnen an."* Gerade konnte ich mir noch verkneifen zu sagen, was mir auf der Zunge lag, nämlich: *„Herzlichen Glückwunsch, Sie haben gerade die goldene Marketing-Zitrone gewonnen."*

Stattdessen malte ich ihr in plastischer Weise aus, wie sich wohl eine Empfängerin dieses Briefes fühlen würde, die gerade erfolgreich die neueste Brigitte-Diät hinter sich gebracht hat und nun dieses Schreiben in den Händen hält. Ebenso die Frau, die seit Jahren streng auf ihre Figur achtet oder gar die

Dame, die gerade noch eine Konfektionsgröße unter der des neuen Labels liegt. Da brechen doch Welten zusammen! Auf die überflüssigen Mailingkosten wollte ich erst gar nicht eingehen, oder darauf, dass da jemand mal wieder einen überflüssigen Werbebrief im Briefkasten findet und damit zunehmend renitent auf Werbepost dieser Boutique reagiert. Allein der emotionale Super-GAU, den dieser Brief auslösen kann, sollte als Argument reichen, damit die Boutiquen-Besitzerin nicht nur jetzt, sondern auch in Zukunft die richtigen Adressaten für ihre Mailings herausfiltert.

Und das Gleiche gilt natürlich auch für Ihre Guerilla-Marketing-Strategie, ebenso wie für jede andere Marketing-Strategie.

Für Mailings sollte man die richtigen Adressen herausfiltern

DER KOMMUNIKATIONSPARTNER MUSS EINDEUTIG IDENTIFIZIERT WERDEN. RICHTEN SIE ALSO IHRE KAMPAGNE NICHT EINFACH AN DEN REST DER WELT, SONDERN FOKUSSIEREN SIE AUSSCHLIESSLICH AUF DEN INFRAGE KOMMENDEN ADRESSATENKREIS.

Bestimmen Sie daher zunächst die zu Ihrem Leistungsangebot passenden Kunden nach den „klassischen" Kundenkriterien, nach denen wohl die meisten von Ihnen ihre Kundendatenbank aufgebaut haben. Anschließend selektieren Sie speziell für Ihre Guerilla-Marketing-Strategie, und zwar unter dem Gesichtspunkt, wer von der geplanten Guerilla-Marketing-Kampagne tatsächlich erreicht werden kann.

Die Zielgruppe einer Guerilla-Aktion bestimmen	INFORMATION

Nehmen wir zur Erläuterung einfach noch mal das Beispiel des singenden Kuriers aus Kap. 2.1, der vom Architektenbüro zu den potenziellen Kunden geschickt wurde. Am Anfang standen die Architekten vor der wohl jedem von uns bekannten Aufgabe: *„Wie kommen wir an neue Kunden?"*

Zieldefinition

Als sie mit der Planung anfingen, bekam die Ausgangsfrage alsbald ein kleines Schwesterchen, nämlich den Zusatz: *„Für welches Produkt denn?"*

Nachdem eine Produktselektion durchgeführt wurde, stand die Zieldefinition der Kampagne fest, in diesem Fall „Neukundenakquisition für Entwurfsplanungen von Wolkenkuckucksheimen".

Produktzielgruppe

Analyse der Zielgruppe und Selektion der Adressaten einer Kampagne

Aufgrund der Zieldefinition ergab sich gleichzeitig die dazu passende Zielgruppe, nämlich die Gesamtheit der „Betreiber von Wolkenkuckucksheimen". Dummerweise saßen die in ganz Deutschland verteilt und das häufig auch noch in den entlegensten Gebieten. Also wurde die nächste Selektion gefahren, indem man mit dem Parameter „Ort" eine Verdichtung der Zielgruppe erhalten wollte. Dafür analysierte man die Grundgesamtheit der Zielgruppe nach der räumlichen Verteilung, um die Region bzw. Stadt zu identifizieren, in der die meisten Betreibergesellschaften ansässig sind.

Verdichtung der Produktzielgruppe

Dabei stellte sich dann heraus, dass Berlin wohl das Eldorado für Betreiber von Wolkenkuckucksheimen sein musste, da die Architekten dort die größte Dichte feststellen konnten. Die Stadt stand also fest, nun fehlte zur Vervollständigung der Zielgruppen-Selektion nur noch die Bestimmung des Parameters „Zeit".

Adressat der Guerilla-Aktion

Diesbezüglich sollte geprüft werden, wann die Wahrscheinlichkeit am größten ist, den richtigen Ansprechpartner im Büro anzutreffen. Nachdem man sich entschieden hatte, den singenden Kurier am frühen Nachmittag zu den Zielkunden zu schicken, war damit gleichzeitig die Zielgruppen-Selektion abgeschlossen.

Gleiches Vorgehen bei anonymen Kunden

Nun hatten die Architekten den Business-to-Business-Vorteil, dass sie die Adressen und Ansprechpartner ihrer Zielkunden herausfinden konnten.

Leider ist das nicht bei allen Guerilla-Marketing-Kampagnen möglich, insbesondere im Business-to-Customer-Bereich nicht, wo zwar die Zielgruppe aufgrund ihrer Merkmale und Eigenschaften definiert werden kann, der Endkunde aber in der Regel anonym ist. Gehen wir weiter davon aus, dass Sie sich mit Ihrer Kampagne ausschließlich an Neukunden richten und somit nicht auf eigene Datenbankbestände zurückgreifen können, kann in diesem Fall keine Direktansprache erfolgen. Dennoch bleibt die Vorgehensweise die gleiche, indem Sie den Umfang der Zielgruppe durch die Parameter Ort und Zeit verdichten, um mit Ihrer Kampagne Streuverluste so gering wie möglich zu halten.

Ansprache von Neukunden im Business-to-Customer-Bereich

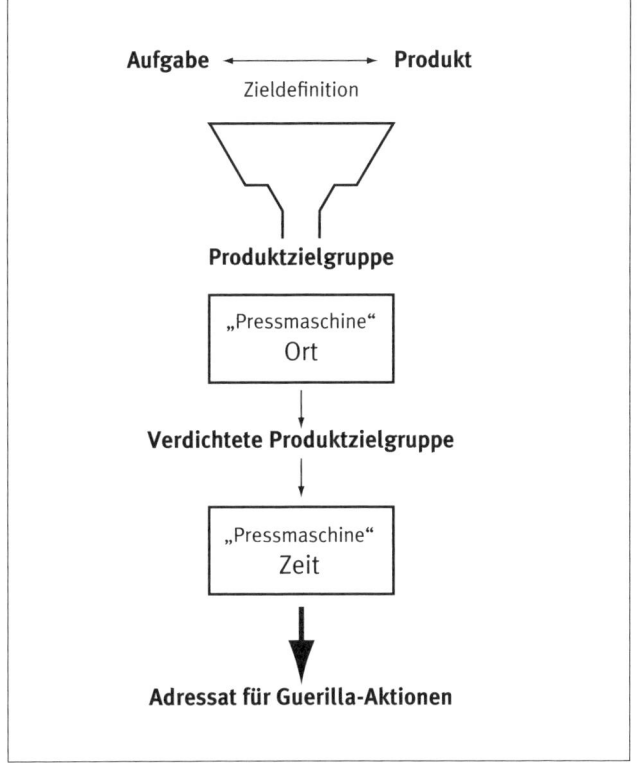

Abb. 13 Ablaufplanung „Zielgruppenbestimmung"

4.3 Was Sie über Ihre Kunden wissen müssen

Fundiertes Wissen ermöglicht eine genauere Planung

Je mehr Sie über Ihre Zielgruppe wissen, umso genauer können Sie Ihre Guerilla-Marketing-Kampagne auf diesen Adressatenkreis ausrichten und planen.

VERSUCHEN SIE DAHER, SO VIELE INFORMATIONEN WIE MÖGLICH ZU SAMMELN UND ZU STRUKTURIEREN.

So erhalten Sie eine ziemlich genaue Vorstellung von Ihrem Kunden und seinem spezifischen Umfeld. Darüber hinaus sind Sie dann auch leicht in der Lage, Ihre Guerilla-Marketing-Strategie genau auf dieses Kundenbild zuzuschneiden. Sie laufen nicht Gefahr, Ihre Zielgruppe falsch anzusprechen, indem Ihre Wortwahl eigentlich auf ein ganz anderes Publikum passen würde. Ihnen unterlaufen auch keine Fehler in der zeitlichen und örtlichen Kampagnenplanung, weil Sie wissen, wann und wo Ihre Zielgruppe sich in der Regel aufhält. Und außerdem kennen Sie die Wirkung, die die verschiedenen Guerilla-Waffen auf Ihre Kunden haben, und können sie dementsprechend gezielt einsetzen beziehungsweise weglassen.

Eigenheiten der Kunden berücksichtigen

Nicht jeder Kunde schätzt die besondere Ansprache durch Guerilla-Marketing-Kampagnen – auch dies können Sie in Ihrer Planung berücksichtigen und so verhindern, dass Sie durch eine Guerilla-Aktion womöglich sogar Kunden verlieren.

Idealerweise geben die gesammelten und analysierten kundenspezifischen Informationen, die weit über das Erheben von soziodemografischen Merkmalen (Geschlecht, Alter, Beruf, Bildung etc.) hinausgehen, Art und Durchführung der Guerilla-Marketing-Kampagne beinahe automatisch vor. Dieses Ziel lässt sich zwar niemals erreichen, aber wir sollten uns mit den zur Verfügung stehenden Möglichkeiten trotzdem so weit wie es eben geht diesem Ziel annähern.

Guerilla-Kampagnen sind oft lokale Aktionen

Sie werden feststellen, dass sich die folgenden Vorschläge meist auf einen kleineren Kundenkreis beschränken, häufig sogar auf lokaler Ebene angesiedelt sind. Das hängt zum einen damit zusammen, dass ich mich auf einen der vielen möglichen Zielgruppen-Typen beschränken musste, und zum anderen sind Guerilla-Marketing-Kampagnen nun mal häufig lokale Aktionen, auch wenn sie zeitgleich an mehreren Orten stattfinden können. Dennoch können diese Musterfragen leicht an Ihre individuellen Gegebenheiten angepasst werden.

4.3.1 Kundenwelt und Kundenumwelt

Jede Zielgruppe hat ihre typische Umwelt, die es zu identifizieren gilt. Auch wenn jeder Kunde seine individuelle Umwelt mit Arbeitsplatz, Familie, Sportverein usw. hat, lässt sich aus der Gesamtbetrachtung eine Schnittmenge ermitteln, die als charakteristische Umwelt Ihrer Zielgruppe gelten kann. Sie haben nun die Wahl: Möchten Sie sich mit einer größeren Kampagne an die Schnittmenge richten, d.h. an den Bereich, in dem die Wahrscheinlichkeit, die Mehrzahl Ihrer Kunden anzutreffen, am größten ist? Oder wollen Sie die Umfeldinformationen über potenzielle Kunden nutzen, um Ihre Guerilla-Aktivitäten gezielt auf diese Personen zu konzentrieren? Egal, ob Sie sich an Privat- oder Businesskunden richten, als echter Guerillero kennen Sie Ihr Jagdterrain in- und auswendig.

Ermitteln der typischen Umwelt Ihrer Zielgruppe

DAMIT IHR KUNDENWISSEN ÜBERSCHAUBAR BLEIBT UND KEINE INFORMATIONEN UNTERGEHEN, SOLLTEN SIE ALLE RELEVANTEN ANGABEN SYSTEMATISCH ERFASSEN UND REGELMÄSSIG AKTUALISIEREN.

Erfassen und aktualisieren Sie Ihr Kundenwissen systematisch

Formulieren Sie Standardfragen, um so eine Art Karte mit den verschiedenen Aufenthaltsbereichen Ihrer Kunden anzulegen. Für Ihre Businesskunden können solche Fragen so aussehen:

Standardfragen zur Eingrenzung der Kundenumwelt (Beispiele)　　**PRAXIS**

- Wo haben sich Ihre potenziellen Geschäftskunden verstärkt niedergelassen? (z.B. Medienpark, -hafen, Industriegebiet)
- In welchen Berufsverbänden engagieren sie sich?
- In welchen Business-Clubs verabreden sie sich?
- In welchen Vereinen sind sie Mitglied?
- Wo finden ihre Unternehmer-Stammtische statt?

Analog können Sie diese Fragen auch auf den Privatkundenbereich anwenden und natürlich für Ihre individuelle Strategie beliebig erweitern. Mit immer mehr und immer genaueren Informationen sind Sie immer stärker dazu in der Lage, auf die Umweltsituation Ihrer Zielgruppe zu reagieren.

4.3.2 Fallbeispiel: Das Wissen über Ihre Kunden bestimmt die Art Ihrer Kampagne

Nehmen wir einen fiktiven kleinen Ort als Vorlage für ein Fallbeispiel. Dort betreiben Sie ein mittelständisches Unternehmen und richten sich hauptsächlich an Privatkunden. Für eine Guerilla-Kampagne haben Sie sich als Zieldefinition vorgenommen, mit einem Produkt, das gerade erst auf den Markt gekommen ist, neue Kunden zu akquirieren. Das Produkt ist ein ganz neuartiges Reinigungsmitttel, mit dem man Steinflächen im Terrassen- oder Einfahrtsbereich von Schmutz und witterungsbedingten Rückständen nicht nur befreien, sondern wieder wie neu aussehen lassen kann. Weil Sie schneller als Ihre Wettbewerber sein wollen, soll die Kampagne so schnell wie möglich beginnen.

Schneller als der Wettbewerb: Die Kampagne soll so schnell wie möglich beginnen

ALSO MACHEN SIE SICH SOFORT AN DIE PLANUNG IHRER STRATEGIE UND BEGINNEN MIT DEN INFORMATIONEN, DIE SIE ÜBER IHRE ZIELGRUPPE GESAMMELT HABEN.

Nach dem in Kapitel 4.2 beschriebenen Verfahren haben Sie bereits die Adressaten Ihrer Guerilla-Aktion ermittelt. Dabei handelt es sich um Besitzer von Einfamilienhäusern, die vor ungefähr zwanzig Jahren gebaut worden sind, und Sie unterstellen nun einen Anwendungsbedarf für Ihr Reinigungsmittel. Als echter Guerillero wissen Sie bereits, dass für Ihre Guerilla-Marketing-Kampagne das Siedlerviertel am Ortsrand der ideale Adressat ist.

LOKALE WERBEVERBOTE ERSCHWEREN DIE ANSPRACHE

Mit herkömmlichen Werbemaßnahmen wie Flyern oder anderen Wurfsendungen ist hier nichts zu holen, da mehr als 50 Prozent der Hausbesitzer das Einwerfen von Werbung in ihren Briefkasten mittels Aufkleber untersagt haben. Das klassische „Hausieren" liegt Ihnen überhaupt nicht, abgesehen davon, dass solche Haustürgeschäfte bei Ihrer Zielgruppe gar nicht gern gesehen werden und heutzutage sogar als etwas anrüchig gelten.

Die potenzielle Kundschaft auf neuartigen Wegen erreichen

Also müssen Sie sich etwas anderes einfallen lassen, um Ihre potenzielle Kundschaft zu erreichen. Und dabei kommt Ihnen etwas in den Sinn, das für Ihre Kampagne äußerst hilfreich sein kann.

Kennen Sie Ihre Pappenheimer?

Denn dieses Siedlerviertel wird von Zeit zu Zeit zum Ortsgespräch, und zwar immer dann, wenn einer der Hausbesitzer etwas Neues angeschafft hat und alle Nachbarn plötzlich glauben, dass sie das auch haben müssen. Das war mit den lebenden Hecken so, die die alten Jägerzäune verdrängt haben, oder mit dem Swimmingpool, der sich plötzlich in den meisten Gärten wiederfand, genau wie mit den lackierten Dachziegeln.

Insiderwissen zahlt sich aus

Diese alte Siedlerregel (*„Keiner darf etwas haben, was ich nicht auch habe"*), basierend auf Neid und Eitelkeit, machen Sie sich nun zunutze. Sie suchen ein Haus mit einer großen Auffahrt aus und machen dem Hausbesitzer-Ehepaar ein Angebot. Sie würden ihre Auffahrt komplett mit dem neuen Reinigungsmittel bearbeiten und damit in neuem Glanz erscheinen lassen. Wenn das Ehepaar damit einverstanden wäre, die Auffahrt anschließend als Musterfläche zur Verfügung zu stellen, wäre die ganze Aktion für sie mit keinerlei Kosten verbunden. Die Hausbesitzer sind einverstanden und Sie legen los.

Ihre Guerilla-Aktion beginnt: Phase 1

Als erstes machen Sie ein „Vorher"-Foto. Wenn später die Arbeiten beendet sind, kommt das entsprechende „Nachher"-Foto dazu. Daraus können Sie entweder eine Anzeige im lokalen Anzeigenblatt erstellen und/oder eine kleine Werbetafel, die Sie gut sichtbar am Ort des Geschehens platzieren.

Schon während der Arbeiten steht selbstverständlich Ihr Firmenfahrzeug gut sichtbar vor der Auffahrt. Rechtzeitig für diese Aktion ist auch die neue Beschriftung fertig geworden, die in großen Lettern auf das neue Produkt und seine Vorteile hinweist. Die Beschriftungsfolie hat ca. 50 Euro gekostet und lässt sich nach dieser Aktion leicht wieder entfernen. Im Fahrzeug liegen griffbereit Visitenkarten, Produktinformationen und Proben. Ihre Mitarbeiter sind von Ihnen genau instruiert worden, dass jeder vorbeikommende Passant freundlich gegrüßt werden soll, um die Hemmschwelle für ein Gespräch so weit es geht herabzusetzen.

Weiterempfehlungen durch Provision belohnen

Auch das Ehepaar ist von Ihnen mit Flyern und Proben ausgerüstet worden, um ihnen das Empfehlen so einfach wie möglich zu machen. Um die Weiterempfehlung überhaupt zu aktivieren, bieten Sie für jede erfolgreiche Vermittlung eine Provision an.

PHASE II

Sie haben die Arbeit beendet, und die Auffahrt erstrahlt in neuem Glanz. Während der Arbeiten sind Sie und Ihre Mitarbeiter wie erwartet von mehreren neugierigen Nachbarn angesprochen worden, sodass Sie bereits einige Angebote verschicken konnten. Auch das Ehepaar war von Ihrem Provisionsangebot derart angespornt, dass es Ihnen weitere Interessenten vermittelte.

Befristete Angebote
erhöhen den Druck

Die von Ihnen verschickten Angebote enthalten eine zeitlich begrenzte Komponente. Sie möchten nämlich natürlich so schnell wie möglich wieder im Siedlerviertel präsent sein, um dadurch den Druck auf diejenigen Nachbarn zu erhöhen, deren Interesse Sie bisher noch nicht wecken konnten. Wer deshalb bis zu einer bestimmten Frist Ihr Angebot wahrnimmt, bekommt von Ihnen zusätzlich einen „Frühbucher-Rabatt" eingeräumt.

AUSSERDEM FORCIEREN SIE BEREITS IN DER ANGEBOTSBESCHREIBUNG DAS VIRALE MARKETING, INDEM SIE AUCH HIER FÜR EINE ERFOLGREICHE KUNDENVERMITTLUNG EINE WEITERE ERMÄSSIGUNG DES PREISES VERSPRECHEN.

Und natürlich setzen Sie auch das Hausbesitzer-Ehepaar als Referenz in die Angebotsschreiben ein. Denn Sie wissen ja, wie bei den lebenden Hecken, den Pools und den lackierten Dachziegeln gilt nach wie vor: *„Erst nach dem Nachbarn schaue, sodann ein Haus dir baue."*

Ach ja, noch eine kleine Bitte zum Ende des Beispiels. Fragen Sie mich bitte nicht, wie das Reinigungsmittel heißt und wo man es erwerben kann. Ich weiß es nicht. Ich weiß noch nicht mal, ob es überhaupt etwas Vergleichbares oder Ähnliches gibt, da dieser Fall frei erfunden ist. Sollte der Fall Sie jedoch inspiriert haben und Sie setzen eine Guerilla-Marketing-Kampagne nach diesem Muster um, würde ich mich sehr über eine kurze Projektbeschreibung freuen.

Vielleicht werden wir dann die schönsten Beispiele in einem kleinem Band veröffentlichen. Auf jeden Fall werden wir Ihre Kampagne in unserem Forum www.guerilla-marketing-blog.de präsentieren.

Das Fallbeispiel hat deutlich gemacht, dass umfangreiche Informationen über Ihre Kundengruppen äußerst hilfreich bei der Gestaltung von Guerilla-Marketing-Kampagnen sein können. Dabei spielen auch Informationen eine Rolle, die man in keinem Telefonbuch findet, da sie eher im tiefenpsychologischen oder auch zwischenmenschlichen Bereich angesiedelt sind.

> *AN DIESE INFORMATIONEN KOMMEN SIE NICHT VON HEUTE AUF MORGEN, SONDERN SIE SIND DAS ERGEBNIS EINER KOMBINATION AUS IHRER ERFAHRUNG, IHREM MARKTGEFÜHL UND IHRER KENNTNIS DES ZIELMARKTES.*

Fundierte Kundeninformationen fußen auf Erfahrung und Marktgefühl

Daher ist es zunächst von entscheidender Bedeutung, dass Sie überhaupt bereit sind, sich auf diese besondere Form der Kundeninformation einzulassen und ein Interesse daran entwickeln (wenn Sie es nicht schon längst haben), diese Infos zu erheben und für die Planung Ihrer Marketing-Strategien einzusetzen.

Sowohl Ihr Leistungsangebot als auch Ihre Kommunikation sollten so weit wie möglich den konkreten Vorstellungen Ihrer Zielkunden angepasst werden, damit Sie so wenig wie möglich von Ihren kostbaren Ressourcen vergeuden.

4.3.3 Wie Sie Kundeninformationen bekommen

ERSTELLEN SIE EIN KUNDENPROFIL

Fangen Sie doch einfach einmal damit an, ein kleines „Kundenpsychogramm" zu erstellen. Keine Sorge, das soll keinen wissenschaftlichen Ansprüchen genügen, sondern dazu einfach dienen, sich selbst abzufragen, was Sie über charakteristische Einstellungen, Präferenzen und Verhaltensmuster Ihrer Zielgruppe wissen.

Was wissen Sie über Einstellungen, Präferenzen und Verhaltensmuster Ihrer Zielgruppe?

Auf der folgenden Seite finden Sie Anregungen für die Erstellung eines Kundenpsychogramms. Erweitern und ergänzen Sie dieses Mini-Profil mit Ihren eigenen Informationen.

Je mehr Sie über Ihre Zielgruppe in Erfahrung bringen, je mehr Sie Ihrem Kundentypus nicht nur ein Gesicht sondern auch ein Wesen geben, um so genauer und erfolgreicher können Sie Ihre Strategien auf dieses Profil ausrichten.

Anregungen für die Erstellung eines Kundenprofils — **PRAXIS**

Ermitteln Sie Einstellungen und Präferenzen Ihrer Kunden:

- Was beeindruckt sie?
- Was finden sie witzig?
- Was bewegt sie?
- Was könnte sie abschrecken?
- Was denkt der Kunde über Sie?
- Was hält er von Ihnen?
- Was schätzt er an Ihnen?
- Was erwartet er von Ihnen?
- Welche Guerilla-Aktion findet er passend für Sie?

SUCHEN SIE INFORMELLE KUNDENGESPRÄCHE

Auf die gute Vorbereitung kommt es an

Erfolg oder Scheitern einer Guerilla-Marketing-Kampagne hängt nicht zuletzt auch davon ab, ob Sie bei Ihrem Kunden einen „Nerv" getroffen haben. Suchen Sie deshalb das informelle Gespräch außerhalb der Verkaufssituation, um zu erfahren, was das im Einzelfall sein könnte.

ÜBERLASSEN SIE AUCH HIER NICHTS DEM ZUFALL, SONDERN GEHEN SIE PLANVOLL UND GEZIELT IN SITUATIONEN HINEIN, IN DENEN SIE DERARTIGE GESPRÄCHE FÜHREN KÖNNEN.

Möglichkeiten zum informellen Gespräch gibt es z.B. in Vereinen und Verbänden Ihrer Zielgruppe

Sie erinnern sich: Am Anfang des Kapitels (Kap. 4.3.1) haben wir uns mit Fragen befasst, mit denen Sie die gewerbliche oder private Umwelt Ihrer Zielgruppe ermitteln können. Wenn Sie darauf bereits Antworten gefunden haben, wissen Sie auch, wo es Möglichkeiten zu informellen Gesprächen gibt. Wenn sich Ihre Business-Zielgruppe verstärkt in einer bestimmten wirtschaftlichen Vereinigung engagiert, sollten Sie dort nicht fehlen. Wenn sich Ihre private Zielgruppe regelmäßig in einem Sportverein trifft, ist auch dort Ihre Anwesenheit unbedingt erforderlich.

Dass Ihre Anwesenheit noch ganz andere Effekte erzielen kann, als nur an informelle Aussagen Ihrer Zielgruppe zu gelangen, ist an dieser Stelle zwar nicht das Thema, sollte aber auch nicht vergessen werden. Sie wissen ja, dass gerade in informellen, vertrauten Situationen auch durchaus geschäftliche Abschlüsse getätigt werden. Gestatten Sie mir trotzdem einen erhobenen Zeigefinger, was solche Aktivitäten im Umfeld Ihrer Privatkunden angeht. Wenn sich Ihre Bestrebungen, dort Kaufabschlüsse zu tätigen, häufen und dadurch Ihr Engagement als rein geschäftlich motiviert entlarvt wird, bekommt nicht nur Ihre derzeitige, sondern auch Ihre zukünftige Anwesenheit in anderen privaten Vereinigungen schnell einen faden Beigeschmack. Und bevor Sie feststellen müssen, dass es auch eine gut funktionierende negative Mund-zu-Mund-Propaganda geben kann, halte ich, insbesondere unter Guerilla-Marketing-Gesichtspunkten, ein subtileres Vorgehen für angebrachter und Erfolg versprechender. Aber genug der schulmeisterlichen Worte, kehren wir zurück zum informellen Erheben von Kundenpräferenzen.

Informelle Gespräche verlangen ein dezentes Vorgehen

SCHAFFEN SIE EIGENE RAHMENBEDINGUNGEN FÜR INFORMELLE GESPRÄCHE

Wenn es sich aus irgendwelchen Gründen für Sie schwierig darstellt, mit Ihren Kunden außerhalb Ihres Geschäfts oder Ihrer Firma ins Gespräch zu kommen, müssen Sie eben selbst die Rahmenbedingungen dafür schaffen. Ein ebenso taugliches wie beliebtes Instrument ist das Firmenevent. Nein, stöhnen Sie jetzt nicht auf, es geht nicht nur um Bierwagen und Hüpfburg. Das würde auch gar nicht zu Ihrer Guerilla-Marketing-Identität passen.

Firmenevents

> *ÜBERLEGEN SIE SICH STATTDESSEN SOWOHL ANLÄSSE ALS AUCH IDEEN FÜR EVENTS, DIE NICHT SCHON SEIT JAHRZEHNTEN BESETZT SIND.*

Das könnte eine Einladung zum Brunch sein, ein gemeinsamer Ausflug oder eine besondere Ausstellung in Ihren Räumen. Das will ich jetzt auch gar nicht vertiefen, da fällt Ihnen selbst bestimmt genug ein – ansonsten empfehle ich die Lektüre des Bandes „Event-Marketing", der in der gleichen Reihe wie dieses Buch vorliegt. Die Hauptsache ist jedenfalls, dass Sie selbst für die Anlässe sorgen, um mit Ihren Kunden reden zu können – und dass diese Anlässe auch zu Ihrer Firmenidentität passen.

Zweigleisige Interview-
Strategie

Wenn die Situation dann da ist, sollten Sie für Ihre „Interview-Strategie" zweigleisig fahren. Zunächst sollten Sie einfach nur zuhören und Ihre Kunden erzählen lassen. Höchstens, dass Sie mal das Gespräch ein bisschen steuern oder in andere Bahnen lenken. Versuchen Sie auch, von den Gesprächen am Nebentisch etwas mitzubekommen: Auch dort könnten interessante Informationen für Sie dabei sein.

WENN SIE DANN MERKEN, DASS SICH DIE THEMEN ERSCHÖPFEN, HABEN SIE IMMER NOCH DIE MÖGLICHKEIT, DIE INITIATIVE ZU ERGREIFEN UND SICH NACH UND NACH MIT IHREN FRAGEN AM GESPRÄCH ZU BETEILIGEN.

Das ist die zweite Phase Ihrer Interview-Strategie, und die muss vorbereitet werden. Verwenden Sie dazu auch die Fragen zu Einstellungen und Präferenzen (vgl. S. 92), die Sie sich bereits selbst gestellt haben. Gehen Sie anschließend dazu über, Ihre Werbe- und Marketingkampagnen auf den Prüfstand zu stellen. Schließlich wollen Sie nicht nur erfahren, wie Ihre bisherigen Aktivitäten in diesem Bereich gesehen und bewertet wurden, sondern es geht Ihnen auch und insbesondere um grundsätzliche Einstellungen und Meinungen für Ihre Guerilla-Kampagne von morgen. Dazu können Sie z.B. den „Marketing-Check" auf der gegenüberliegenden Seite nutzen.

Stellen Sie Ihre Werbe-
und Marketing-
kampagnen im
Gespräch mit Kunden
auf den Prüfstand

Wenn Ihnen die dort aufgelisteten Fragen beantwortet werden, wissen Sie schon eine ganze Menge mehr über die besonderen Befindlichkeiten Ihrer Kunden. Erwarten Sie aber nicht gleich bahnbrechende Erkenntnisse, die Ihre zukünftigen Marketing-Aktivitäten völlig anders aussehen lassen. Manchmal sind es auch nur vermeintliche Kleinigkeiten, die auf Ihre Kunden eine von Ihnen nicht intendierte Wirkung ausüben. Nehmen Sie auch diese Aussagen ernst und gehen Sie bei Ihrer nächsten Maßnahmen darauf ein. Schließlich sind Sie auch in Fragen der Kundenbindung ein Guerilla-Stratege und können sich dementsprechend schnell und flexibel neuen Anforderungen anpassen. Auch dadurch gewinnen Sie einen klaren Vorteil gegenüber Ihrem Wettbewerb, der die Notwendigkeit, seine Kunden kennen zu müssen, noch nicht nachvollziehen kann. Wenn er kein Ohr für die besonderen Kundenbelange hat und auch sonst keine Anstalten trifft, mehr darüber zu erfahren, können Sie sich umso mehr auf „Überläufer" freuen.

Alle Aussagen des
Kunden ernst nehmen

Marketing-Check	**PRAXIS**

- Sind Ihnen unsere Marketing-Aktivitäten aufgefallen?
  - Welche?
  - Wann?
  - Wo?
- Wie wirkten sie auf Sie?
- Kam die Botschaft an?
- War die Aussage klar und eindeutig?
- Fühlen Sie sich davon angesprochen?
- Wirkte das glaubwürdig?
- Passten die Aktivitäten Ihrer Meinung nach zu unserem Unternehmen?
- Wurden dadurch unsere Stärken betont?
- Haben Sie auch andere Meinungen darüber gehört?
- Hätten Sie das von uns erwartet?
- Was erwarten Sie denn von uns?
- Was hätten wir besser anders machen sollen?
- Welche Marketingaktivitäten anderer Unternehmen haben ...
  - Sie abgeschreckt?
  - Sie verärgert?
  - Sie zum Lachen gebracht?
  - Ihnen richtig gut gefallen?
- Fehlt etwas in unserem Angebot ...
  - bei den Produkten?
  - bei den Service-Leistungen?
  - im Beschwerdemanagement?

4.3.4 Fallbeispiel: „An kleinen Dingen muss man sich stoßen, wenn man zu großen auf dem Wege ist."

Ein Optiker bekommt eines Tages Besuch von einer Dame mittleren Alters, die sich interessiert seine Auslage ansieht. Höflich erkundigt er sich bei der ihm bisher nicht bekannten Besucherin, ob er Ihr behilflich sein könne, was die Frau dankend bejaht – und schon war man im Verkaufsgespräch. Er fragte sie, ob sie schon mal etwas bei ihm gekauft habe – dann könne er rasch ihr Datenblatt raussuchen, um sich die Dioptrienwerte noch einmal anzusehen. Sie antwortete knapp, dass sie zum ersten Mal in diesem Geschäft sei.

Nachdem sie ihm ihre Vorstellungen von einer neuen Brille geschildert hatte, legte der Optikermeister ihr verschiedene Modelle zur Ansicht vor. Das eine oder andere Modell wurde anprobiert, wobei dem Optiker auch nicht entging, dass sich die Kundin zwischendurch immer sehr aufmerksam im Laden umschaute. Schließlich hatte sie die richtige Brille gefunden, sodass beide in Richtung Kasse gingen, um den Kauf abzuschließen.

Natürlich war der Optiker neugierig, was die Dame dazu veranlasst hatte, sein Geschäft aufzusuchen, und er fragte sie danach. Allerdings hatte er nicht mit dem gerechnet, was er dann als Antwort zu hören bekam: Seit ihrem Umzug in diese Stadt, und das war vor zwanzig Jahren, sei sie immer nur zu einem bestimmten Optiker gegangen. Eigentlich habe der sie auch stets freundlich und zuvorkommend bedient, aber irgendwie habe sie nie das Gefühl gehabt, dass das Verhältnis besonders persönlich war. Obwohl sie eine gute Kundin gewesen sei, musste er ihren Namen immer erst nachgucken, *„insgeheim, verstehen Sie, aber gemerkt habe ich das immer"*. Und dementsprechend sei Sie auch nie namentlich begrüßt worden, verabschiedet zwar schon, aber das sei ja auch etwas anderes. Aber was sie die ganze Zeit besonders gestört habe, seien die kalten, unpersönlichen Grußkarten zum Geburtstag gewesen. Alles vorgedruckt, sogar die Unterschrift, und nirgendwo eine persönliche Anrede, geschweige denn ein persönlicher Gruß. Und als an ihrem letzten Geburtstag wieder genau die gleiche Karte wie seit Jahren schon gekommen sei, habe sie sich dermaßen darüber geärgert, dass sie ihrer besten Freundin davon erzählte. *„Und anstatt einer Antwort"*, sagte die ältere Dame zum verdutzten Optiker, *„zeigte sie mir mit den Worten ‚Es geht auch anders' die Geburtstagskarte, die sie von Ihnen bekommen hatte."* Und da habe sie sich gedacht, wenn er seine Kunden schon zum Geburtstag so persönlich ansprechen kann, dann wird er sie im Laden erst recht in den Mittelpunkt stellen. *„Und das ist mir nun mal wichtig."*

Viele Kunden schätzen eine persönliche Ansprache

Und dabei hatte der Optiker einfach nur eigene Motiv-Karten anfertigen lassen, die ihn und sein Team beim fröhlichen Zuprosten zeigen! Auf der Innenseite steht eine persönliche Anrede, und alle Mitarbeiter haben selbst unterschrieben. Das war's. Aber Sie sehen, dass es auch die kleinen Dinge sind, die eine große Wirkung haben können.

Abb. 14 Persönliche Geburtstagskarte, Vorderseite (Quelle: MAKS)

4.3.5 Keine Angst vor ehrlichen Meinungen

Wir sind deshalb so ausführlich auf das informelle Gespräch eingegangen, weil es eigentlich ziemlich schwer ist, von den eigenen Kunden, die man ja schon überzeugt hat, eine offene und objektive Antwort zu bekommen. Ist ja auch irgendwie nachvollziehbar, solche Hemmungen stecken schließlich in vielen von uns. Wenn uns der Frisör nach getaner Arbeit den kleinen Spiegel hinter den Kopf hält, sagen doch im Falle einer absoluten Unzufriedenheit nur wenige, was sie tatsächlich gerade denken. Oder etwa im Restaurant: *„Hat es Ihnen geschmeckt?"* Da denken wir dann womöglich *„Pfui Teufel"*, sprechen es aber nicht aus. Wir wissen nicht, ob der Teufel wirklich für das schlechte Essen verantwortlich war, und es interessiert uns auch nicht mehr. Wir gehen einfach nicht mehr hin. Aber wenn wir dann später mal auf diesen Frisör oder jenes Restaurant angesprochen werden, ja, dann werden wir ehrlich. Und genau das sollten auch Sie sich zunutze machen.

97

Befragen Sie
Fremdkunden

SCHICKEN SIE DOCH MAL EIN INTERVIEWER-TEAM IN DIE UN-
MITTELBARE NÄHE EINES WETTBEWERBERS, ODER NOCH
BESSER, MEHRERER WETTBEWERBER.

Lassen Sie Ihre Interviewer die Fremdkunden fragen, welche Wettbewerber sie kennen und warum sie sich für diesen und nicht für jenen entschieden haben. Da kommen Antworten, mit denen Sie arbeiten können. Garantiert!

4.3.6 Alltag als Aktionsbühne

Guerilla Marketing soll Ihre Zielgruppe überraschen oder irritieren. Wo könnte das besser gelingen als in dem Bereich, der sich auschließlich durch das Gewohnte und Vertraute definiert: im Alltag Ihrer Kunden! Wenn es Ihre Kunden im Alltag schon überrascht, dass die Bahn zur Arbeit an einem Morgen plötzlich pünktlich in den Bahnhof einfährt oder die Kirchturmglocke zwei Minuten zu spät anschlägt, wie leicht muss es sein, sie mit originellen Aktionen zu überraschen.

GUERILLA MARKETING IST NICHT NUR ALLTAGSTAUGLICH,
SONDERN GERADEZU ALLTAGSABHÄNGIG.

Das Unerwartete entsteht
durch die Entfremdung
von Alltagssituationen

Das Unerwartete, Originelle entsteht erst dadurch, dass der Alltag durch den Einsatz von Guerilla-Marketing-Aktionen in bekannter, vertrauter Umgebung „ent-fremdet" wird, um ihn dann auf eine neue, bisher unbekannte Weise neu zu erfahren und wieder zu entdecken.

BEISPIEL NIVEA-TAXI

Für die Marke „Nivea Sun Selbstbräunungsspray" verwandelte sich ein gewohnt blasses Taxi in ein braungebranntes Werbemedium.

BEISPIEL GULLIDECKEL

Passanten in einer Fußgängerzone staunten nicht schlecht, als sie Gullideckel bemerkten, an die sich von innen Hände klammerten.

Mit dieser Aktion erregte amnesty international Aufsehen in deutschen Innenstädten. Hintergrund der Aktion waren menschenrechtsverletzende Haftbedingungen in vielen Ländern.

ÜBERALL LEBT DER GUERILLA-EFFEKT VOM BRUCH MIT DEM VERTRAUTEN IM ALLTAG.

Deswegen sind Guerilla-Marketing-Aktionen nicht nur zeitlich begrenzt (der Überraschungseffekt ist nach kurzer Zeit verbraucht), sondern auch nicht wiederholbar. Denn irgendwann ist der Kunde so konditioniert, dass die Entfremdung zum Bestandteil des Alltags geworden ist – und damit ist sie nicht mehr originell.

Guerilla-Aktionen sind nicht wiederholbar

Guerilla-Aktionen wollen nicht nur Bedürfnisse wecken, sondern auch faszinieren und damit zum Gesprächsthema werden. Wo lässt sich das besser verwirklichen als innerhalb der Alltagsräume der Zielgruppe? Wie Sie diese zielkunden-spezifischen Bereiche identifizieren können, haben wir in den vorangegangenen Kapiteln schon behandelt. Jetzt sind Sie bei der Planung Ihrer Guerilla-Marketing-Strategie gefordert, diese Räume thematisch infrage zu stellen und das Unerwartete erlebbar zu machen.

4.3.7 Fallbeispiel: Guerilla-Aktion zum Verkehrssicherheitsmarketing

Hauptstraßen und Kreuzungen stellen eine besondere werbetechnische Herausforderung dar, weil sie schnell und ohne große Konzentration befahren werden und weil dort viele Sinnesreize auf den Autofahrer einströmen. Entsprechend muss man seine Marketing-Aktivitäten hier so anpassen, dass die Aussage schnell wahrgenommen werden kann und die routinisierte Alltagswahrnehmung des Autofahrers durchbricht.

Guerilla Marketing an einer Hauptstraße

In einer Verkehrssicherkeitskampagne ging es nun darum, die verdrängten Risiken der Hauptverkehrsknotenpunkte auf deutliche Weise bewusst zu machen.

TODESANZEIGE IRRITIERT IM ÖFFENTLICHEN VERKEHRSRAUM

Zentrales Motiv der Kampagne war die Todesanzeige für ein fiktives zwölfjähriges Unfallopfer. Die Kernaussage der Kampagne lautete: Das Todesrisiko ist an den besonders belasteten Kreuzungen immer gegeben, der Ausgang ist aber noch offen. Aufsehen erregend war nicht nur das Kampagnenmotiv, sondern auch das Format: Es wurde als Großplakat auf Werbeflächen entlang der Hauptstraßen eingesetzt.

Guerilla-Aktionen im Alltag   INFORMATION

Guerilla-Aktionen im Alltag entfalten häufig eine vielfältige Wirkung:

- Zunächst dadurch, dass die Aktion an diesem Ort überrascht und iritiert.
- Weiterhin durch die Form bzw. die Art der Aktion selbst, die den Adressaten in der Regel völlig unvorbereitet trifft, und
- letztlich durch die Botschaft der Kampagne, die mit der Zielgruppe den Aktionsort verlassen soll.

Abb. 15   Unerwartete Ansprache in Alltagsräumen (Quelle: Heinze und Partner)

Eine Todesanzeige auf einer Plakatwand macht nichts anderes, als die stillen Momente des Trauerns, die wir täglich in den Zeitungen finden, wie durch eine Lupe vergrößert darzustellen. Das Laute und Provozierende des Motivs liegt darin, dass ihm durch seine Präsenz im Alltagsraum niemand ausweichen kann. Die Maßstabsveränderung der Todesanzeige holt das Unfallrisiko an den Ort des Geschehens. Ohne großartige Werbeeffekte genügt das Motiv hier den geforderten Kriterien: Die Formsprache ist in Sekundenbruchteilen zu identifizieren und öffnet ein Assoziationsfeld, das keiner langen Erklärung bedarf. Die Wirkung bleibt auch nach mehrmaligem Betrachten erhalten, d.h. die Plakate wirken an den jeweiligen Standorten als unwillkürlicher Blickfang jedes Mal aufs Neue.

Maßstabsveränderung

4.3.8 Lokale Kompetenz als Wettbewerbsvorteil

Lokal ist immer genau da, wo sich Ihre Zielgruppe befindet. Dabei spielt es keine Rolle, ob es sich um eine Stadt, einen Kreis, eine Region oder ein Land handelt. Sie sollten nur stets berücksichtigen, dass Sie es mit jeweils unterschiedlichen lokalen Besonderheiten und Befindlichkeiten zu tun haben.

Lokale Besonderheiten berücksichtigen

> *ARBEITEN SIE DIES MIT IN IHRE STRATEGIE EIN UND SPRECHEN SIE DEN KUNDEN AUF EINER EMOTIONALEN EBENE AN, HOLEN SIE IHN DORT AB, WO ER ZU HAUSE IST.*

Stellen Sie eine Beziehung her, die der lokal unbedarfte Wettbewerb niemals erreichen kann.

Es soll ja Unternehmer geben, die doch tatsächlich ein Leben neben dem Geschäftsleben führen. Entweder als aktives Mitglied in einem Sport-, Karnevals- oder Schützenverein. Oder als passives Mitglied in einer kulturellen Organisation. Oder einfach als jemand, der am gesellschaftlichen Leben seiner Region regen Anteil nimmt, indem er aufmerksam die lokalen Ereignisse in seiner Tageszeitung verfolgt und daher weiß, wer mit wem gut kann und was gerade Tagesgespräch ist.

Man kann es auch so umschreiben, dass diese Unternehmer genauestens über lokale Befindlichkeiten, Ereignisse, Multiplikatoren, Traditionen, Gebräuche, kurz: die lokale Kultur informiert sind und ihr Wissen ständig aktualisieren.

Umso mehr habe ich mich in meiner Beratungstätigkeit darüber gewundert, dass kaum jemand diese wertvolle Ressource bei seiner Marketingplanung berücksichtigt. Dabei liegt in diesem Wissen so viel kreatives Potenzial für Guerilla-Marketing-Aktivitäten!

Lokale Guerilla-Marketing-Aktionen müssen sich nicht darauf beschränken, der örtlichen Schule einen Computer, dem Kindergarten einen Sandkasten und dem Altenheim einen „Bunten Nachmittag" zu finanzieren, um sich irgendwann auf der jeweiligen Weihnachtsfeier wiederzufinden und sich sein „Dankeschön" abzuholen. Was daran verkehrt sein soll? Absolut gar nichts. Das sind gute, wichtige und sympathische Maßnahmen, die das Gemeinwesen fördern und die soziale Verantwortung von Unternehmen reflektieren. Aber dass es daneben auch noch eine Menge Platz für Guerilla-Marketing-Aktionen gibt, sollten Sie bei Ihrer Strategieplanung nicht übersehen.

SIE SIND AKTIV IM LOKALEN GESELLSCHAFTSBEREICH EINGEBUNDEN

Werden Sie Mitglied in lokalen Vereinen, Verbänden und Organisationen

Als Mitglied in lokalen Vereinen, Verbänden und Organisationen erfahren Sie alles, was lokale Belange angeht. Wichtige Informationen über Erwünschtes und Unerwünschtes bekommen Sie sozusagen auf dem Silbertablett serviert. Sie müssen auch keinen teuren Branchendienst beauftragen. Wer in Ihrer Branche als Platzhirsch angesehen wird und warum das so ist, erfahren Sie exklusiv und aus erster Hand. Das Schöne daran ist: Es macht nicht nur Spaß, sondern lässt sich auch hervorragend für Ihre Guerilla-Marketing-Planung einsetzen.

BEISPIEL „SCHÜTZENFEST"

Man muss nicht aktives Mitglied in einem Schützenverein sein – das ist nicht jedermanns Sache und außerdem machen das bereits viele Ihrer Wettbewerber. Das kann also kein Guerilla-Tipp sein, da wir uns doch mit unseren Aktivitäten absetzen wollen.

AUCH WENN GUERILLA-MARKETING-AKTIONEN VIEL AUFREGENDER UND ORIGINELLER ALS HERKÖMMLICHE KAMPAGNEN SIND, DÜRFEN SIE DABEI BESTIMMTE WERBETRADITIONEN NICHT KOMPLETT VERNACHLÄSSIGEN.

Als Guerillero ist Ihnen natürlich bekannt, welche Zeitung in Ihrem Ort am meisten gelesen wird. Nicht weil es so guerillamäßig ist, sondern weil man es von Ihnen erwartet, platzieren Sie dort eine Anzeigenwerbung zum Schützenfest mit Gruß an Schützen und Königspaar. (Das lässt sich auf jedes Fest, Jubiläum und andere außergewöhnliche lokale Ereignisse übertragen. Es macht einen sympathischen Eindruck, jemanden zu grüßen und viel Erfolg zu wünschen – politische Wahlen sind hiervon natürlich ausgenommen, da sollte man sich besser zurückhalten.)

Anzeigenwerbung in der Presse mit Bezug zu lokalen Ereignissen

Aufgrund Ihrer lokalen Kompetenz wissen Sie aber auch, dass das Königssilber dringend einer Restaurierung bedarf. Und weil eine solche Tätigkeit auch in Ihren gewerblichen Zuständigkeits- und Kompetenzbereich fällt, bieten Sie spontan Ihre Unterstützung an.

> SUCHEN SIE SICH LOKALE AUFGABEN, DIE IHR IMAGE STEIGERN UND IHRE KOMPETENZ UNTERMAUERN. JE SCHNELLER UND MEHR SIE VON MÖGLICHEN TÄTIGKEITSBEREICHEN WISSEN, UMSO GRÖSSER IST IHR WETTBEWERBSVORTEIL.

Natürlich stehen Sie dann mit Ihrer gemeinnützigen Aktion auch in der Zeitung (insbesondere, wenn man den Redakteur anspricht, der selbst als Schütze aktiv ist) und werden im Festzelt lobend erwähnt.

BEISPIEL „SPORTVEREIN"

Ob Trikot-, Bandenwerbung oder eine Anzeige im Vereinsheft, all das sind hochwillkommene Sponsoringmaßnahmen, weil sie den Vereinen die so dringend benötigten finanziellen Einnahmen bringen. Doch was bringt es Ihnen, außer einem Musikwunsch bei der Weihnachtsfeier? Noch mal zur Erinnerung: Wir reden hier über Guerilla Marketing, also nicht über klassisches Sponsoring bei einem Fußballbundesligisten. Wenn Sie das dafür benötigte Budget zur Verfügung hätten, würden Sie dieses Buch vermutlich nicht lesen. Und deshalb sollten wir das klassische Sponsoring des örtlichen Sportvereins auch den lokalen Gönnern überlassen, die das eher als „Good-Will"-Aktion ansehen (können), mit einem freundlichen „Dankeschön" zufrieden sind und den finanziellen Aufwand aus der Portokasse bestreiten. Doch bevor nun ein kollektiver Aufschrei unter Deutschlands Amateur-Sportvereinen ertönt, weil ich gerade deren Finanzetat auf links drehe: Irrtum.

Aber wenn wir uns schon engagieren, finanziell, materiell oder auch mit der eigenen Muskelkraft, dann doch bitte so, dass beide Seiten etwas davon haben.

Wir haben nicht den geringsten wirtschaftlichen Nutzen, wenn durchschnittlich fünfzig Zuschauer bei den Heimspielen unsere Werbung auf Banden oder Trikots sehen. Es sei denn, der lokale Sportredakteur gehört zur Verwandtschaft und hat kein Problem damit, nur die Fotos mit Strafraumszenen einzusetzen, auf denen unsere Werbung zu sehen ist.

AUFGRUND IHRER LOKALEN KOMPETENZ BESETZEN SIE ALS ERSTER DIE PROFILIERUNGSPLÄTZE

Wesentlich länger bleibt Ihr Engagement beim Neubau des Vereinsheims in der kollektiven Erinnerung, von dessen Plänen Sie natürlich frühzeitig erfahren haben. Ob Sie sich finanziell beteiligen oder mit Ihrer gewerblichen Kompetenz als Handwerksbetrieb in den Wochenend- und Abendstunden unentgeltlich arbeiten, ist unerheblich.

Vor dem Wettbewerb aktiv werden

WICHTIG IST, DASS SIE VOR IHREM WETTBEWERB AKTIV WERDEN, ALS BEDINGUNG DEN WETTBEWERB AUSSCHLIESSEN UND VIELE PERSONEN VON IHRER HILFE ERFAHREN.

BEISPIEL „HEIMATCHRONIK"

Wenn Sie bereits in lokalen Vereinen aktiv sind, kommt Ihnen das folgende Beispiel mit Sicherheit bekannt vor, weil es sich auf viele ähnliche Szenarien – Verein feiert Jubiläum und versucht es durch den Verkauf bestimmter Artikel zu finanzieren – übertragen lässt.

Ein Ort feierte seine 850-Jahr-Feier und legte zu diesem Anlass eine neue Heimatchronik auf. Auch wenn das allein schon ein schöner Umstand war, wollte man durch den Verkauf die Organisation des Festes ein wenig finanziell entlasten. Man kalkulierte also eine entsprechende Auflage und hoffte, dass sie sich gut verkaufen würde.

Das Fest wurde zwar ein voller Erfolg, doch von der Heimatchronik behielt man noch einen großen Restbestand übrig. Wohin damit, das Fest war gelaufen, wie und wo sollte die Chronik jetzt ihren Käufer finden? Da bot das örtliche Bekleidungsgeschäft seine Hilfe an und legte das Buch zum übrigen

Sortiment ins Schaufenster. Ich will es kurz machen: Mehrere hundert Bände wurden in kürzester Zeit verkauft, und das zu einem Großteil an Leute, die das Bekleidungsgeschäft vorher nie betreten hatten. Der Heimatverein war zufrieden, das Modegeschäft war zufrieden – ein schöner Synergieeffekt, dadurch entstanden, dass der Besitzer des Modegeschäfts die lokalen Belange aufmerksam verfolgte.

4.3.9 Ihr Insiderwissen macht Sie zum Guerillero

Wenn wir von Insiderwissen sprechen, geht es nicht darum, wo man seine Plakate am besten aufhängen kann, ohne für wildes Plakatieren belangt zu werden, sondern um wesentlich mehr. Sie haben sich innerhalb kürzester Zeit ein kleines Informanten-Netzwerk aufgebaut, das Sie stets mit den aktuellsten Informationen versorgt. Ach, das wussten Sie noch gar nicht? Aber sicher! Sie wissen doch mittlerweile genau, wo Ihre Kunden anzutreffen sind, in welchen Vereinen, Gremien, Ortsverbänden, Geschäften. Gerade dort verkehren Sie ebenfalls und nutzen die Gelegenheit zu kurzen Gesprächen: unter Nachbarn, Freunden, Schützenbrüdern, Vereinskameraden, Kommunalpolitikern, Skatfreunden, Vorstandskollegen.

Informanten-Netzwerk

> *Sie erfahren als einer der ersten, was Stadtgespräch ist, und das ist für Ihre Guerilla-Aktivitäten genau das Futter, das Sie brauchen: Klatsch, Tratsch, Gerüchte! Oder wie die Börse es nennt: Insiderwissen.*

Und das lassen Sie natürlich nicht einfach brach liegen oder freuen sich (*„Ach, wie gut, dass niemand weiß …"*) darüber, dass Sie zu dem erlesenen Personenkreis gehören, der über dieses Wissen verfügt. Nein, als echter Guerillero verstehen Sie es, diese Informationen in handfestes Guerilla-Marketing-Handeln umzusetzen.

Insiderwissen in Guerilla-Handeln umsetzen

Beispiel: „Wie Max auf den Vogel kam"

Der kleine Max ließ beim gemeinsamen Grillen aus lauter Tierliebe die teuren Zuchtvögel des Nachbarn frei. So wurden aus Schützenbrüdern plötzlich Streithähne, der Ort hatte mal wieder was zu lachen und zu erzählen – und die lokale Versicherungsagentur einen Aufhänger für eine Anzeige im Lokalanzeiger über das Thema „Haftpflichtversicherung für Kinder".

Dicke Luft im Schützenzug! Seit dem letzten gemeinsamen Grillen brodelt es zwischen zwei Schützenbrüdern. Und das alles nur, weil der fünfjährige Max Vögel am liebsten in Freiheit sieht...

Jürgen: "Da hat der Max ja richtig für Stimmung gesorgt. Einmal haben die Eltern nicht aufgepasst - und schon hatte der Knirps Vögel im Wert von 2000 Euro aus der Volière des Gastgebers fliegen lassen."

Jürgen: "Genau. Die Eltern vom kleinen Max haben von ihrer Haftpflichtversicherung ein klares Nein zu hören bekommen. Max ist jünger als sieben, also muss sie auch nicht bezahlen. Um des lieben Friedens willen, werden die Eltern wohl selbst in die Tasche greifen müssen.

Jürgen: "Auf jeden Fall unsere Kunden."

Frank: "Tja, und da der Gesetzgeber Kinder unter sieben Jahren von der Haftung ausgeschlossen hat, stellt sich wohl mittlerweile die Frage, wer für den Schaden aufkommt?"

Frank: "Ansonsten kommt der Schützenzug gar nicht mehr zur Ruhe. Da lob ich mir doch den Kinder-Bonus in unserer Haftpflicht. Ist ja auch eine feine Sache, dass wir bei Schäden helfen, wo wir eigentlich gar nicht helfen müssten. Wer erwartet das schon von einer Versicherung?"

Aachener und Münchener Versicherungen * Dömgesstr. 1
Telefon Jürgen Meis: 86660 * Telefon Frank Wachmeister: 126582

Abb. 16 Lokale Themen verschaffen selbst Anzeigen große Aufmerksamkeit (Quelle: MAKS)

Anzeigen mit Bezug zu lokalen Geschehnissen

Eine solche Anzeige erregt wesentlich mehr Aufmerksamkeit, als wenn die Versicherungsagentur im normalen Jargon die Produktvorzüge der Kinder-Haftpflichtversicherung gepriesen hätte. Auf charmante Weise tritt das eigentliche Produkt eher in den Hintergrund, während gerade eine Geschichte erzählt wird, die durchaus auch in den Wartebereich des örtlichen Frisörsalons gepasst hätte. Wenn Sie über so viel lokales Insiderwissen verfügen, dass Sie daraus eine mehrteilige Anzeigen-Serie produzieren können, dokumentieren Sie nicht nur eine starke lokale Identität, sondern werden dadurch sogar selbst zum Stadtgespräch und manifestieren sich im Bewusstsein Ihrer Zielgruppe – eben weil Ihre Werbung so anders ist.

4.3.10 Suchen Sie sich lokale Kampfgefährten

Sie müssen nicht alles allein machen. Manchmal können Sie
das auch gar nicht. Entweder fehlt Ihnen die Zeit, oder es man-
gelt an personellen Ressourcen. Warum suchen Sie dann nicht
nach lokalen Partnern, um Ihren Markt mit vereinten Kräften zu
erobern? Ihre Guerilla-Strategie kann dadurch nur aufgewer-
tet werden, wenn Sie sich mit Kampfgefährten umgeben, die
Ihr eigenes Leistungsangebot komplementär ergänzen.

*Den Markt mit lokalen
Partnern gemeinsam
erobern*

*NEBENBEI ERREICHEN SIE DURCH ZUSAMMENLEGUNG IHRER
KUNDENBESTÄNDE EINEN GRÖSSEREN ADRESSATENKREIS.*

*„Treffen sich ein Apotheker, ein Physiotherapeut und ein Ver-
treter einer Krankenversicherung. Sagt der eine …"* Keine Sorge, ich erzähle keinen Witz, sondern den Ablauf einer sehr ef-
fektiven, lokalen Guerilla-Kooperation. Angefangen hatte sie
vor wenigen Jahren, zu einer Zeit, als es in der Wellness-Bran-
che chic war, jede Woche eine andere exotische Massage auf
den Markt zu werfen. Ganz Guerilla-gemäß wollte der Physiotherapeut die öffentliche Aufmerksamkeit für die eigenen
Zwecke instrumentalisieren. Es fehlte nur noch die geeignete
Massage. *„Das können wir schon lange"*, dachte sich der Physiotherapeut und dachte sich eine neue Massage aus.

*Beispiel für eine lokale
Guerilla-Kooperation*

EINFÜHRUNG EINES LOKALEN PRODUKTS …

Das Neue bestand darin, dass diese Massage einen lokalen
Bezug haben sollte und das Massageöl ausschließlich aus hei-
mischen Pflanzen und Kräutern bestehen musste. Weil er
dieses Öl nicht alleine herstellen konnte, suchte er sich einen
Partner. Der saß direkt um die Ecke und hatte eine Apotheke.
„Gute Idee", meinte der Apotheker, als er von dem Physiothe-
rapeuten angesprochen wurde, *„die heimische Pflanzen- und
Kräuterwelt ist ohnehin mein Hobby. Da bin ich dabei."*

… DURCH EINE LOKALE KOOPERATION …

Der Apotheker fing an, die Ingredienzien zusammenzustellen.
Zu den Hauptbestandteilen gehörten das beruhigende Johan-
niskraut, Melisse und Zitrone. Man taufte die neue Wohlfühl-
massage „Apothekers Johannis-Kur". Zielgruppe waren alle
Personen, die gestresst, unruhig, schlapp und abgespannt
sind. Also ungefähr vier Milliarden Personen auf diesem Pla-

neten. Weil dafür das Mailing-Budget zu klein war, beschränkte man sich auf den eigenen Ort am linken Niederrhein.

... FÜR EINEN LOKALEN MARKT ...

Um dennoch einen großen Kundenkreis auf die Massage aufmerksam zu machen, wollten der Apotheker und der Physiotherapeut einen weiteren Partner suchen, der das entsprechende Werbebudget besitzen oder zumindest über eine gute Vertriebsstruktur verfügen sollte. *„Wie wäre es denn mit einer Krankenversicherung?"*, fragte der Physiotherapeut. *„Das könnte doch eine schöne Zugabe für ihre Versicherten sein."* Das sah der Vertreter der Krankenkasse genauso.

Abb. 17 Gelungene Symbiose lokaler Kooperationspartner
(Quelle: MAKS)

Es war zwar nicht so einfach, den Versicherten eine Zugabe zukommen zu lassen. Aber man könnte zum Gelingen der Kampagne beitragen, indem Hinweise auf die „Apothekers Johannis-Kur" der täglichen Korrespondenz mit den Versicherten beigelegt wurden. *„Vielleicht in Form von Ermäßigungsgutscheinen,"* regte der Vertreter der Krankenkasse an. Dafür könnte man monatlich auf viele tausend Briefe zurückgreifen, die an die Versicherten rausgehen. Gut, abgemacht. Parallel sollte die Presse über das neue Produkt informiert werden. Weil gerade die tollen Tage des Karnevals anstanden, war eine passende Guerilla-PR-Aktion schnell geboren.

Guerilla-PR-Aktion

... MIT UNTERSTÜTZUNG LOKALER MULTIPLIKATOREN UND DER LOKALEN MEDIEN.

Der Apotheker war im Karneval genauso zu Hause wie in der heimischen Pflanzenwelt. Daher war der Vorschlag, die örtliche Prinzengarde bei einem Pressetermin mit der „Apothekers Johannis-Kur" zu massieren, schnell übermittelt und bewilligt. Die Presse nahm diesen ungewöhnlichen Termin gerne wahr, zumal die Prinzengarde versprochen hatte, in vollem Ornat zu erscheinen, was außerdem noch sehr fototauglich war.

Abb. 18 Über lokale Multiplikatoren in die Presse

Nach der Presseresonanz, der Mailing-Partnerschaft mit der Krankenkasse und durch die Mundpropaganda der Karnevalisten entwickelte sich die Kooperation ganz im Sinne ihrer Erfinder und hörte genau dann auf, als die Massage-Welle einem neuen Trend weichen musste. Aber wer weiß, wann sich wieder eine neue Kooperation ergeben könnte.

Bei den lokalen Kooperationspartnern ist es wie mit den Kunden: Sie müssen aktiv auf andere zugehen und eine möglichst konkrete Kooperation vorschlagen.

Wenn Sie passiv darauf warten, dass Sie angesprochen werden, wird sich nicht viel tun. Ziehen Sie also bei der Planung Ihrer Guerilla-Strategie die Möglichkeit einer branchenübergreifenden Partnerschaft immer in Betracht. Sie können aufgrund der gewonnenen Synergien eigentlich nur Vorteile erzielen. Im Massage-Beispiel passten die verschiedenen Professionen sehr gut zueinander. Es können aber auch völlig fremde Branchen gemeinsam und sehr erfolgreich auf neue Kunden zugehen.

Das untere Bild zeigt ein Beispiel dafür. Es handelt sich dabei um eine Vernissage in einer Modeboutique. Die Initiative ging von der ausstellenden Künstlerin aus. Sie ist seit Jahren im Ort bekannt und verfügt über weit reichende Kontakte; es fehlte ihr nur an einer im Ortskern gelegenen Ausstellungsmöglichkeit. Die Modeboutique hatte gerade erst eröffnet und konnte mit dieser Aktion ihren Bekanntheitsgrad direkt um ein Vielfaches steigern. Eine klassische Win-Win-Situation.

Abb. 19   Vernissage in einer Modeboutique (Quelle: MAKS)

Checkliste: Was eine lokale Kooperation wertvoll macht **PRAXIS**

- Der Synergie-Vorteil sollte für alle Beteiligten gleich groß sein.
- Die „Chemie" muss stimmen.
- Ihre Standorte bieten Ihnen gegenseitig einen nennenswerten Vorteil.
- Sie sind beide Multiplikatoren in verschiedenen Bereichen.
- Sie verfügen über jeweils eigene Medienkontakte, die Sie gemeinsam nutzen können.
- Sie verfügen über komplementäres Know-how.
- Es gibt keine Überschneidung bei Ihren Leistungsangeboten.
- Sie können sich gegenseitig an interessante Geschäftspartner vermitteln.
- Die Zusammenarbeit erleichtert Ihre Akquisition.
- Sie können Ihre lokalen Kompetenzen bündeln und effektiv nutzen.
- Sie können Ihre Kundendatenbank erweitern.
- Sie können durch gemeinsame Ressourcennutzung Kosten sparen.
- Ihr gemeinsames Vorgehen macht Sie für neue Kunden attraktiver.
- Sie verschaffen sich gegenseitig einen Wettbewerbsvorteil.
- Sie sind zusammen erfolgreicher.

4.4 Welchen Nutzen wollen Sie Ihren Kunden übermitteln?

Sie haben es geschafft! Durch eine wirklich gelungene Guerilla-Marketing-Aktion sind Sie nicht nur in aller Munde, sondern auch in allen Medien. Da haben Sie sich aber auch etwas richtig Witziges einfallen lassen. Sowas hätte ich an dieser Stelle nicht erwartet. Die Kampagne hatte es aber auch in sich, nämlich ... äh, ... Ja, was eigentlich?

Eine Guerilla-Maßnahme soll eine Botschaft vermitteln

Im Kapitel 3.2 haben Sie unter anderem gelernt, dass es bei Ihren Guerilla-Marketing-Aktionen nicht allein darauf ankommt, die Aufmerksamkeit Ihrer Zielgruppe zu erreichen, sondern dass es vor allem um die Vermittlung einer Botschaft geht, in der der jeweilige Kundennutzen zum Ausdruck gebracht werden soll. Manchmal lassen Guerilla-Aktionen aber genau das vermissen und begnügen sich lediglich damit, für einen kurzen Augenblick die Rolle eines Alleinunterhalters einzunehmen. Schade, denn mit ein bisschen mehr Planung hätte daraus in den meisten Fällen durchaus auch ein wirtschaftlicher Erfolg werden können – zusätzlich zum Aufmerksamkeits-Oscar.

Wenn Kampagnen die klassischen Guerilla-Marketing-Instrumente verwenden und damit einen hohen Aufmerksamkeitseffekt erreichen, ohne eine Aussage über den zu erwartenden Kundennutzen zu enthalten, handelt es sich nicht um Guerilla Marketing, sondern schlicht um gute Werbung.

EINES DÜRFEN SIE BEI IHREN GUERILLA-AKTIONEN AUF KEINEN FALL AUSSER ACHT LASSEN, NÄMLICH, DASS SIE GUTE PRODUKTE UND DIENSTLEISTUNGEN VERKAUFEN, DIE IHREN KUNDEN EINEN TATSÄCHLICHEN NUTZEN BIETEN.

Wünsche und Bedürfnisse der Zielgruppe befriedigen

Auch wenn es so ähnlich klingt, hat das nicht automatisch etwas mit reiner „Nützlichkeit" im rationalen Sinn zu tun. Es bedeutet vielmehr, dass Sie in der Lage sind, die Wünsche und Beürfnisse Ihrer Zielgruppe, die weit über den reinen Gebrauchswert Ihrer Produkte und Dienstleistungen hinausgehen können, mit Ihrem Angebot zu befriedigen. Und eigentlich beginnt genau da das Dilemma.

Haben wir bisher von Zielgruppen gehört, deren Zusammensetzung sich aufgrund von spezifischen Bedürfnissen, Einstellungen, Präferenzen sowie weiteren homogenen Charakteristika ergibt, stellen wir nun fest, dass sich innerhalb einer Zielgruppe durchaus Differenzen aufzeigen lassen, was die unterschiedliche Interpretation des Nutzens angeht.

Manche Kunden richten sich ausschließlich nach dem Preis-Leistungs-Verhältnis, andere nach der Haltbarkeit, wieder andere überzeugt das Aussehen, während die nächsten einfach nur auf den Geschmack schwören – und das alles bei ein und demselben Produkt!

Der Nutzen eines Leistungs-angebots

INFORMATION

Der Nutzen eines Leistungsangebots kann sich aus folgenden Faktoren zusammensetzen:

PREIS

Sicherlich für viele Kunden ein kaufentscheidender Faktor; kann allein aufgrund seiner Höhe die anderen Faktoren von der Bestimmung des Nutzens ausschließen.

GEBRAUCHSWERT FÜR DEN KUNDEN

Richtet sich nach der konkreten, subjektiven Bedeutung des Leistungsangebots für den Kunden. Wird auch durch die Häufigkeit des Gebrauchs bestimmt.

Die subjektive Bedeutung des Leistungsangebots für den Kunden

VERFÜGBARKEIT

Wenn es das Produkt selten zu kaufen gibt oder man für das Leistungsangebot große Hindernisse überwinden muss (z.B. lange Wartezeiten), um es beziehen zu können, müssen alle anderen Faktoren überdurchschnittlich ausgeprägt sein, um trotzdem eine kaufentscheidende Nützlichkeit zu besitzen.

SERVICE

Die Gesamtheit der Zusatzleistungen, die über das eigentliche Leistungsangebot hinausgehen. Kann je nach „Nutzen" der Serviceleistungen für die Zielgruppe beim Produkt- bzw. Nutzenvergleich die ausschlaggebende Komponente sein.

STATUS/REPUTATION

Für manche auch einfach der Markenkern. Hierbei geht es um produktübergreifende Assoziationen, d.h. um die emotionale Zuschreibung von produktfremden Eigenschaften in den Köpfen Ihrer Kunden. Auf einmal geht es nicht mehr um den reinen Gebrauchswert, sondern um „coolness" (Marlboro), „Jugendlichkeit" (Coca-Cola), „Erschwinglichkeit" (Aldi) und viele weitere Attribute, die einen starken Einfluss auf die individuelle Nutzendefinition haben.

Produktübergreifende Assoziationen

PRODUKTEIGENSCHAFTEN

Aufgrund der vielen möglichen individuellen Ausprägungen eigentlich nur in der Gesamtheit im Rahmen der
Nutzen-Analyse bewertbar. Haben nur eine geringe kaufentscheidende Bedeutung, da viele Produkte sich mittlerweile in ihren Eigenschaften sehr ähneln.

SIE BESTIMMEN DIE GEWICHTUNG DER NUTZEN-FAKTOREN

Die im Kasten aufgelisteten Faktoren sind sozusagen Ihre Zutaten. Jetzt liegt es an Ihnen, von allen Zutaten die richtige
Dosis zu bestimmen und daraus ein für Ihre Zielgruppen
schmackhaftes und attraktives Menü zusammenzustellen.
Und zwar so, dass möglichst jede Geschmacksnuance befriedigt werden kann. Jetzt kommt erneut das ausgeprägte Wissen
über Ihre (potenziellen) Kunden zum Einsatz, das Sie sich als
strategisch denkender Guerillero erworben haben.

*Wieder einmal entschei-
dend: Ihre Kunden-
informationen*

*AUFGRUND DIESES WISSENS KÖNNEN SIE DIE INDIVIDUELLE
GEWICHTUNG DER NUTZEN-FAKTOREN IN IHRER ZIELGRUPPE
PROGNOSTIZIEREN UND EINE GEEIGNETE GUERILLA-MARKE-
TING-STRATEGIE AUFBAUEN, DIE DIE RELEVANTEN NUTZEN-
VORTEILE KOMMUNIZIERT.*

So würde Porsche beispielsweise niemals eine Guerilla-Aktion
durchführen, die den Preis als besonderen Kundennutzen in
den Mittelpunkt stellt. Entsprechend würde ein Metzger in seiner Kampagne die qualitativ hochwertigen Produkteigenschaften betonen. Und wenn Sie festgestellt haben, dass Ihre
Produkte besonders bei Jugendlichen gut ankommen und „angesagt" sind, sollte der zu vermittelnde Nutzenschwerpunkt
Ihrer Guerilla-Aktion wahrscheinlich im „Status/Reputation"-
Bereich liegen.

Der Kunde möchte in Ihrer Kommunikation, also auch in Ihrer Guerilla-Marketing-Kampagne, den auf ihn passenden,
„echten" Nutzen vorgestellt sehen. Auch in dieser Hinsicht will
bei ihm der richtige Knopf gedrückt sein, damit er eine für Sie
positive Kaufentscheidung trifft.

Da wir im Guerilla Marketing den Ansatz verfolgen wollen,
die Dinge nicht unnötig zu verkomplizieren, sondern so weit es
eben möglich ist zu vereinfachen oder sie zumindest verein-

facht darzustellen, werde ich die Erläuterung der Strategie der Nutzen-Kommunikation im Folgenden in zwei Bereiche unterteilen:

Strategie der Nutzen-Kommunikation

- Der erste Bereich, „Information", ist eher aufklärerischer Natur und stellt daher rein utilitaristische Motive wie Preis, Handhabung, Lebensdauer oder Serviceleistungen in den Vordergrund.
- Der zweite Bereich, „Emotionaler Mehrwert", beschäftigt sich mit abstrakten Nutzenmotiven und geht auf individuelle Produkt-Zuschreibungen in Form von Assoziationen ein, betont die emotionale Nutzen-Komponente wie Produktimage oder Konsumenten-Status.

4.4.1 Information

Nehmen wir an, Ihre Guerilla-Marketing-Kampagne stellt Ihr Leistungsangebot in den Vordergrund. Dabei können Sie selbst besonders günstige Preise charmant und witzig verpacken, was zeigt, dass es auch ohne schrilles oder lautes „BILLIG!!!"-Schreien funktionieren kann, wie etwa in dieser Kampagne der Firma easyJet:

Das Leistungsangebot im Vordergrund einer Guerilla-Kampagne

Abb. 20 Billigflug-Werbung auf Kaffeebechern (Quelle: amber media 2006)

Eingepackt in eine originelle Aktion stecken Sie die Information, dass Ihr Produkt ...

- zu einem äußerst günstigen Preis zu haben ist,
- besonders umweltfreundlich ist,
- einfach zu reinigen ist,
- UV-beständig ist,
- wartungsfrei ist,
- in 2.000 Filialen vertrieben wird,
- lebenslange Garantie hat,
- ...

Überlegen Sie also bei der Planung genau, was Sie Gutes anbieten und was Ihr Kunde davon hat.

4.4.2 Emotionaler Mehrwert

Ein Produkt sollte den Konsumenten ein Erlebnis vermitteln

Ein Produkt ist ein Produkt ist aber nicht nur ein Produkt. Oder: Ein Produkt ist mehr als die Summe seiner Eigenschaften. Es muss den Konsumenten ein Erlebnis vermitteln, einen emotionalen Mehrwert. Und dieses Erlebnis muss bereits in der Guerilla-Marketing-Kampagne sichtbar und versprochen werden.

FALLBEISPIEL: „VOR'M BROT MIT ROBBIE"

Am 10. Dezember 2005 war Superstar Robbie Williams zu Gast bei Thomas Gottschalks Weihnachtsausgabe von „Wetten, dass ...?". Dabei signierte er eine lebensgroße Pappfigur, die im Rahmen der Hilfsaktion „Lichtblicke" für bedürftige Kinder und ihre Familien versteigert werden sollte. Und genau diese Figur landete in einer Guerilla-Marketing-Aktion der Bäckerei Hannen. Alle Kunden – eigentlich eher die weiblichen und unter 20-Jährigen – hatten die Möglichkeit, sich „Vor'm Brot mit Robbie" fotografieren zu lassen. Dieses fotografische Erinnerungsstück mit dem Pop-Idol wurde natürlich mit dem Logo der Bäckerei versehen und dürfte nun in vielen Kinderzimmern gerahmt zu bestaunen sein.

Sich an der Seite von Robbie Williams fühlen zu dürfen, ist für viele Fans der emotionale Mehrwert schlechthin. In dieser Aktion gab es zwar nur seinen Stellvertreter aus Pappe, aber die Tatsache, dass er seine Unterschrift darauf gesetzt hatte, reichte für viele Teilnehmer völlig aus. Sie können bei solchen Aktionen von den Assoziationen und Emotionen profitieren, die im Zusammenhang mit Prominenten in den Köpfen Ihrer Kunden entstehen.

Von den Assoziationen zu Prominenten profitieren

Abb. 21 Foto-Aktion mit einer Pappfigur von Robbie Williams
(Quelle: Hannen-Team)

Auch die Bäckerei profitierte von diesem Fremdimage, weil in der Backstube auf einmal ein Hauch von Glamour und Showbusiness dem Mehl und dem Puderzucker den Rang abliefen. „Absolut cool" fanden die jungen Teilnehmer die Aktion, aber auch die Nicht-Teenies hatten ihren Spaß daran.

Die Bäckerei konnte noch einen weiteren emotionalen Mehrwert in dieser Kampagne platzieren, da sie sich der jüngeren Zielgruppe gegenüber als „Eingeweihte" darstellen konnte: *„Wir wissen, was ihr euch wünscht, und wir helfen euch dabei, dass es wahr wird."*, lautete die implizite Botschaft. Schließlich erzielte der Pappaufsteller einen Versteigerungspreis, den die jüngeren Teilnehmer schwerlich selbst hätten aufbringen können. Auf diese Weise hatten sie die Möglichkeit, wenigstens ein bisschen „Robbie"-Atmosphäre zu schnuppern.

Ein weiterer emotionaler Mehrwert

Aber es geht beim emotionalen Mehrwert nicht nur um prominente Zeitgenossen, sondern natürlich auch um Ihre Produkte, die Ihren Kunden einen derartigen Nutzen versprechen.

INSBESONDERE BEI PRODUKTEN, DIE SICH HINSICHTLICH IHRER EIGENSCHAFTEN KAUM VON DEN WETTBEWERBS-PRODUKTEN UNTERSCHEIDEN, KANN DIE EMOTIONALE KOMPONENTE EIN ALLEINSTELLUNGSMERKMAL SEIN.

Beispiel: Creme 21

Ein schönes Beispiel dafür ist die alte und wieder neue „Creme 21". Ende der 1980er-Jahre vom Markt genommen, erlebte sie inzwischen einen Neustart und präsentiert sich seither mit einem kontinuierlichen Guerilla-Marketing-Konzept, das fast auschließlich mit Emotionen arbeitet. Sie besetzt dabei die Felder „Spaß und Unterhaltung" und möchte für das Lebensgefühl der 1970er-Jahre stehen. Diese Strategie scheint auch die einzig sinnvolle zu sein, oder glauben Sie, die Creme könnte sich durch das Herausstellen ihrer Produkteigenschaften als die x-te Hautcreme auf dem Markt vom Wettbewerb abheben?

Jetzt entscheiden Sie, ob sich für Ihre Guerilla-Marketing-Strategie eher die informatorische Variante I oder doch die emotionsgesteuerte Variante II besser eignen würde. Das können auch nur Sie entscheiden, weil niemand das Leistungsangebot des Wettbewerbs oder Ihre Zielgruppe besser kennt als Sie.

WICHTIG IST, DASS SIE IHREN KUNDEN DEN RICHTIGEN NUTZEN KOMMUNIZIEREN UND SICH DADURCH VOM WETTBEWERB ABHEBEN.

4.5 Die Kosten stets im Blick

Na, haben Sie es getan? Sie wissen schon, die Werbeerfolgskontrolle in Kapitel 3.1.5 ausgefüllt. Wirklich? Dann wissen Sie ja jetzt, welche ineffizienten Etatfresser Ihrer „dunklen" Werbevergangenheit Ihr Marketingbudget in Zukunft nicht mehr belasten sollten. Und damit sich anstelle der alten keine neuen Etatverschwender einschleichen können, sollten Sie auch weiterhin eine Budgetkontrolle Ihrer Marketing-Aktivitäten beibehalten.

Budgetkontrolle der Marketing-Aktivitäten

Selbstverständlich gehört zur Planung Ihrer Guerilla-Marketing-Strategie auch eine Kostenplanung. Versuchen Sie auch hier, sich Guerilla-mäßig zu verhalten und somit möglichst flexibel und improvisationsfähig zu bleiben.

Druck

- Banner, Schilder, Transparente
- Flyer
- Handzettel
- Plakate

Werbung

- Anzeigen
- Radio-Spots
- TV-Spots
- Deko-Material
- Give-aways

Externe Akteure

- Promotion-Teams
- Künstler
- Fotografen

Internet

- Texter
- Programmierung

Direktmarketing

- Texter
- Porto
- Beilagen
- Kurierdienst

Finanzielle Aufwendungen

- Spenden
- Sponsoring
- Mitgliedsbeiträge

TEILEN SIE IHRE GEPLANTE GUERILLA-MARKETING-AKTION IN VERSCHIEDENE, KOSTEN VERURSACHENDE BEREICHE AUF.

Orientieren Sie sich dabei am besten an den Beispielbereichen im Kasten und passen Sie sie individuell Ihren Maßnahmen an. Anschließend verwenden Sie die nachfolgenden Testfragen, um Ihre Kampagne so kostengünstig wie möglich zu organisieren.

So kontrollieren und senken Sie die Kosten   **PRAXIS**

- Strukturieren Sie den Ablauf Ihrer Guerilla-Marketing-Kampagne nach Bereichen, in denen möglicherweise Kosten für Sie entstehen könnten.

- Welches Budget steht Ihnen zur Verfügung? Beachten Sie dabei, dass Sie nicht mit einer einzigen Kampagne Ihr Budget verbrauchen. Legen Sie das Budget für mindestens zwölf Monate fest.
- Kalkulieren Sie einen möglichen Erfolg, ausgehend von der Kampagnen-Definition.
- Wenn Ihre Kampagnen-Idee zu teuer für Ihr Budget ist, lassen Sie es bleiben.
- Wenn die Kosten der Kampagne den kalkulierten Erfolg übersteigen, lassen Sie es bleiben.
- Überlegen Sie sich, welche Kosten gegenenfalls durch Gegengeschäfte oder durch lokale Kooperationen gesenkt oder gar vermieden werden können.
- Untersuchen Sie nun alle Posten dahingehend, ob ein starker Qualitätsverlust dadurch entstehen kann, dass Sie diese Aufgaben übernehmen.
- Prüfen Sie, ob die Qualität Ihrer Guerilla-Marketing-Kampagne leidet, wenn Sie bestimmte Posten streichen.
- Prüfen Sie, ob es für alle Posten günstigere Alternativen geben kann.
- Prüfen Sie, ob Sie den Kampagnenverlauf variieren können, um Kosten zu senken.
- Versuchen Sie immer, eine alternative Kampagne zu entwickeln.
- Holen Sie sich für alle übrigen Aufgaben mehrere Angebote ein.
- Prüfen Sie, ob Sie auf Material von Geschäftspartnern, Geschäftsnachbarn etc. zurückgreifen können.
- Schließen Sie sich gegebenenfalls mit anderen Unternehmen zusammen, um gemeinsam günstiger Material zu kaufen oder Anzeigen- bzw. Sendeplatz zu mieten.

5 Rein praktisch: Ihre Guerilla-Marketing-Aktion

Genug der schönen Worte. Nachdem wir uns in den vorangegangenen Kapiteln ausführlich mit allen vorbereitenden Schritten Ihrer Guerilla-Marketing-Kampagne auseinander gesetzt haben, ist jetzt der richtige Zeitpunkt gekommen, um uns von der Theorie zu verabschieden und uns ins Kampfgetümmel zu stürzen. Nun geht es darum, mit originellen Ideen dafür zu sorgen, dass sowohl Kunden als auch Medien auf Sie und Ihr Leistungsangebot aufmerksam werden und auf die von Ihnen gesendeten Kaufreize positiv reagieren.

An wen Ihre Aktion gerichtet ist und welches Leistungsangebot vermittelt werden soll, haben Sie in Ihrer Strategie festgelegt.

Jetzt gilt es, diesen strategischen Rahmen mit originellen und kreativen Aktionen zu operationalisieren.

Ach ja, da ist es wieder, dieses ominöse Stichwort: originell. Bisher haben wir uns noch so gut wie gar nicht mit der Bedeutung des Begriffs „Originalität" auseinander gesetzt. Und das, obwohl er ja wohl eines der Hauptmerkmale des Guerilla Marketings zu sein scheint. Möglicherweise verstehen Sie unter Originalität etwas ganz anderes als ich, oder Ihre Kunden etwas anderes als Sie.

Der Begriff „Originalität"

Haben Sie sich schon mal die Frage gestellt, was Sie unter „originell" verstehen? Schreiben Sie doch mal kurz in Stichworten auf, was für Sie dazu gehört. O.k., dazu haben Sie gerade keine Lust – aber dann behalten Sie Ihre Assoziationen zum Stichwort „Originalität" wenigstens im Hinterkopf. Wenn Sie dieses Kapitel gelesen haben, können Sie Ihre Originalitätsdefinition mit meinen Vorschlägen vergleichen und unter Umständen erweitern.

Je mehr und umfassender Sie wissen, was originell ist, umso leichter können Sie Ihre Kampagnen danach ausrichten.

5.1 Ab wann ist eine Idee originell?

Erste Antwort: Wenn es die Idee in der Form noch nicht gegeben hat.

Weder bei anderen und erst recht nicht bei Ihnen! Daran ändert auch die Tatsache nichts, dass Sie Audi heißen und tolle Autos produzieren. Denn darum ist es trotzdem nicht mehr im geringsten originell, wenn ein Audi wieder eine Skisprungschanze hochfährt – so wie damals, vor 19 Jahren. Was ist das überhaupt für eine Botschaft, die da transportiert werden soll? Etwa *„Alles beim Alten", „Im Westen nichts Neues"* oder *„Wir wollen so bleiben wie wir sind"*? Besser kann man jedenfalls eine 19-jährige Phase des vermeintlichen Stillstands nicht dokumentieren. Also, wenn das Schule macht, dürfen wir uns auf ein Wiedersehen mit Ariel-Waschfrau Klementine freuen, während das HB-Männchen darüber vor Wut an die Decke geht, sich der Sarotti-Mohr fragt, ob sein Name eigentlich noch politisch korrekt ist, und der VW-Käfer läuft und läuft und läuft.

Originelle Aktionen sollte man weder wiederholen ...

Sollten Sie auch ein paar Werbeleichen im Keller haben, die damals richtig gut angekommen sind und die man eigentlich doch noch mal ... Nein! Lassen Sie sie in Frieden ruhen.

ORIGINALITÄT LÄSST SICH NUN MAL NICHT KONSERVIEREN.

... noch kopieren

Und erst recht nicht kopieren. Außerdem gibt es nichts Peinlicheres als einen hämischen Wettbewerb, der schadenfroh darauf hinweisen kann, dass man soeben seine Idee kopiert hat. Deshalb ist es Ihre Aufgabe, stets die Aktivitäten Ihres Wettbewerbs im Blick zu haben.

LEGEN SIE EIN ALBUM AN, UM PRESSEBERICHTE ÜBER GUERILLA-KAMPAGNEN ZU SAMMELN. DAS GLEICHE MACHEN SIE VIRTUELL, UM INTERNET-BERICHTE ZU ARCHIVIEREN.

Auf diese Weise nutzen Sie zusätzlich den positiven Nebeneffekt, dass Sie sich von diesen Beispielen inspirieren lassen können. Außerdem bekommen Sie ein Gespür dafür, was bei den Kunden bzw. den Medien gut ankommt und was man lieber unterlassen sollte. Profitieren Sie von den Fehlern anderer, es reicht, wenn ein Fehler einmal gemacht wurde, und das sollte nicht Ihre Aufgabe sein.

Von den Fehlern anderer profitieren

Zweite Anwort: Wenn bestehende Konventionen karikiert werden.

Und damit meine ich jetzt nicht die ach so witzige Anzeige, die auf dem Kopf steht. Stellen Sie sich vor, Sie stehen vor einer roten Ampel, und plötzlich fängt ein Mann an, Ihre Windschutzscheibe zu reinigen. Sie kurbeln das Seitenfenster herunter und möchten einen Obulus geben, doch stattdessen bekommen Sie von Ihm etwas, nämlich einen Gutschein für ... mit der Aufschrift „...". Na, was fällt Ihnen dazu ein? Arbeiten Sie, nein, spielen Sie mit dem Unerwarteten. Der Überraschungseffekt in einer solchen Situation erlaubt Ihnen dann sogar die Übergabe ganz profaner Werbemittel wie diesen Gutschein.

Überraschungseffekt

STELLEN SIE DAHER STEREOTYPE ABLÄUFE IN ALLGEMEIN VERTRAUTEN SITUATIONEN INFRAGE.

Denken Sie mal an die Hollywood-Spielfilme, eigentlich ist das Ende doch immer von vornherein klar: Der Held gewinnt a) den Krieg, b) das Geld oder c) die Frau. Eigentlich langweilig, oder? Versuchen Sie doch einfach mal, ein Happy-End zu erfinden, mit dem keiner gerechnet hat. Dürfte doch eigentlich gar nicht schwierig sein, wenn man sich den gewohnheitsmäßigen Ablauf vieler Alltagssituationen anschaut.

BRECHEN SIE DIESES „GEWÖHNLICHE" AUF UND BESETZEN SIE ES NEU, AUCH WENN ES NUR FÜR EINEN KURZEN AUGENBLICK IST.

Denn das ist es, was auch Ihre Zielkunden im Hinterkopf haben werden: *„Der kann diese Aktion nur einmal durchführen, ansonsten würde es langweilig werden. Somit bringt er unseren üblichen Ablauf, unseren Trott, nur kurz zum Schwingen und verschwindet dann wieder."* Sie nehmen Ihre Kampagne dankbar und wohlwollend zur Kenntnis, wohl wissend, dass Sie nicht vorhaben, vertraute Alltagssituationen dauerhaft infrage zu stellen und damit zu stören. Aber achten Sie darauf, dass Sie beim Brechen von Konventionen keine Werte und Normen verletzen. Bleiben Sie positiv und sympathisch und überlassen Sie Schockreaktionen aufgrund der werblichen Konfrontation mit Krankheiten, Krieg oder sozialen Ungerechtigkeiten ruhig italienischen Modelabels.

Vorsicht: Verletzen Sie keine Werte oder Normen

Dritte Antwort: Wenn sie an Orten stattfindet, an denen man nicht mit einer Guerilla-Marketing-Aktion rechnen würde. Werbliche Ansprachen passieren bislang meist noch in fest definierten Kanälen: zum Beispiel auf Plakatwänden, im Fernsehen, im Radio, in den Printmedien oder im Kino. Dort wird von den Konsumenten Werbung erwartet, entsprechend sind sie darauf eingestellt.

WENN SIE DIESE KONVENTIONELLEN WEGE VERLASSEN UND IHREN KUNDEN AN UNGEWOHNTEN ORTEN „AUFLAUERN", HABEN SIE DEN ÜBERRASCHUNGSEFFEKT SCHON AUF IHRER SEITE.

Beispiele

Zum Beispiel im Bus, der vor Ihrer Bäckerei hält und den Sie ab und zu mit einer Palette Teilchen stürmen, die Sie dann an die verdutzten Fahrgäste verteilen. Wetten, dass sich nicht nur diese Aktion, sondern auch der Standort Ihrer Bäckerei in der Erinnerung der Fahrgäste festsetzt? Oder Sie lassen im Freibad kleine Produktproben Sonnenmilch verteilen, mit dem Hinweis, dass es dieses Produkt in Ihrer Drogerie gerade zum „Sonnenschein-Preis" gibt. Jede Verlagerung werblicher Aktivitäten hin zu bisher nicht besetzten Lokalitäten beschert Ihnen einen Originalitätsbonus.

Tabu-Orte sollte gemieden werden

Vorausgesetzt natürlich, es handelt sich nicht um Tabu-Orte wie Friedhöfe, Kirchen, Krankenhäuser, Altersheime. Also alle Orte, an denen Marketing-Kampagnen nichts zu suchen haben, weil sie dort eher abschrecken, verärgern oder verstören würden.

Aber es gibt ja noch genügend andere Plätze, wo eine Guerilla-Marketing-Aktion völlig unerwartet stattfinden kann. Machen Sie doch einfach mal einen Stadtbummel und spielen Sie dabei den Guerilla-Scout, indem Sie Ausschau nach den richtigen Stellen für Ihren „Angriff" halten. Und wenn Sie einen originellen Ort gefunden haben, sind Sie vermutlich auch schon inspiriert, was für eine Guerilla-Marketing-Aktion dort stattfinden kann.

Vierte Antwort: Wenn die Idee das „David gegen Goliath"-Schema aufweist.

Man hält gerne zu den vermeintlich Schwächeren, die den Großen ein Bein stellen. Das gilt nicht nur im DFB-Pokal, wenn ein Verbandsligist die Bayern rausschmeißt. Sobald ein kleiner Mitbewerber einem Branchenprimus mit einer pfiffigen Aktion die Schau stiehlt, ist ihm die Aufmerksamkeit und Sympathie der Öffentlichkeit und der Medien sicher.

Einem kleinen Mitbewerber, der einem Branchenprimus die Schau stiehlt, ist die Aufmerksamkeit sicher

Beispiele: Das „David gegen Goliath"-Schema

Drypers, ein amerikanischer Branchenneuling im Markt für Babywindeln, griff den Platzhirschen Procter & Gamble mit Billigwindeln an. Procter & Gamble reagierte prompt mit einer breit angelegten Rabatt-Kampagne. Überall, wo es Drypers-Windeln zu kaufen gab, ließ Procter & Gamble Coupons im Wert von zwei Dollar verteilen. Eine entsprechende Coupon-Gegenkampagne konnte sich Drypers aber nicht leisten. Stattdessen schaltete Drypers Zeitungsanzeigen, in denen man den Verbrauchern anbot, die Procter-&-Gamble-Coupons auch beim Kauf von Drypers-Windeln einzulösen.

Mindestens genauso originell war die Aktion eines Bäckermeisters, der den bekannten Branchen-Namen „Kamps" nutzte, um lokale Medienaufmerksamkeit zu erzielen. Zu der Zeit machte Kamps Schlagzeilen, weil angeblich immer mehr Bäckereien aufgeben und an Kamps verkaufen mussten. Dies machte sich unser Bäckermeister zunutze und gab eine Pressemeldung heraus. Überschrift: *„Entgegen anders lautender Gerüchte – Wir verkaufen nicht an Kamps!"* Anschließend führte er aus, dass es sich um einen traditionsreichen Betrieb handelt, mit soundsoviel Mitarbeitern, man erst kürzlich noch für die Produkte xy Landesauszeichnungen bekommen hätte und weitere Filialgründungen plant. Das Ergebnis war, dass alle lokalen Zeitungen sowie der lokale Radiosender über die Pläne des Bäckermeisters, der sich nicht kaufen lassen wollte, berichteten.

Achten Sie deshalb nicht nur auf Ihren Wettbewerb, sondern auch auf das, was die Branchenführer so treiben. Nutzen Sie deren Aktionen, Kampagnen oder Pressemitteilungen, um daraus eigene Aktionen, Kampagnen oder Pressemitteilungen abzuleiten.

Aktionen der Branchenführer im Auge behalten

Sie bekommen die Vorlagen für Ihr Guerilla Marketing sozusagen frei Haus geliefert, da Sie eigentlich nur noch reagieren müssen.

Schwachstellen großer
Unternehmen können als
Ansatz für eine eigene
Kampagne dienen

Gute Ansätze für erfolgreiche Guerilla Marketing-Kampagnen zeigen sich oft auch in den Schwächen der großen Unternehmen: Suchen Sie gezielt nach Schwachstellen, ob in den Produkteigenschaften, den Service-Leistungen oder auch im Marketing, die Sie übertreffen können, und machen Sie daraus einen Schwerpunkt Ihrer Guerilla-Marketing-Strategie.

Nach diesem Prinzip handelte die Software-Firma Gandke & Schubert. Sie erstellte Software-Programme für den kaufmännischen Bereich (GS-Auftrag, GS-Fibu usw.) und bemerkte Ende der 1980er-Jahre, dass die etablierten Software-Firmen ein Problem damit haben, Demo-Versionen aus der Hand zu geben – aus Furcht, dass der Anwender und potenzielle Käufer der Vollversion bereits in der abgespeckten Variante Fehler entdecken könnte. Daraus leitete die Firma Gandke & Schubert ihre Guerilla-Marketing-Strategie ab, indem sie ihre eigene Software in nicht eingeschränker Version als Shareware auf den damals üblichen Shareware-CDs verteilen ließ und diese Variante zusätzlich zum Download in Mailboxen zur Verfügung stellte. Dies wurde durch eine sehr engagierte Hotline ergänzt, die den Anwendern ausführlich zur Seite stand. Im November 1994 wurde das 100.000ste Programm verkauft.

5.2 Wie komme ich an die zündende Idee?

Sie dürfen jetzt nicht erwarten, dass ich Ihnen in diesem Abschnitt mal eben zeige, wie Sie garantiert eine innovative, originelle Guerilla-Marketing-Idee entwickeln. Das hängt letztlich doch von Ihren kreativen Fähigkeiten ab. Ich kann Ihnen aber die eine oder andere Brücke bauen, indem ich auf die Hilfsmittel und Fragestellungen eingehe, die mir immer sehr weitergeholfen haben. Eines kann ich zu Ihrer Entlastung schon mal vorweg schicken:

KREATIVITÄT LÄSST SICH EINFACH NICHT ERZWINGEN.

Wenn die zündende Idee partout nicht kommen will, beschäftigen Sie sich ruhig erst mal mit etwas anderem und vergeuden Sie keine wertvolle Zeit. Vielleicht fehlen Ihnen noch Informationen, die Ihre Gedanken in die richtige Richtung schicken, oder eine letzte Stimulation, um diese Gedanken kreativ zu bündeln. Oder Sie sind gerade nicht in der passenden Tagesform, um sich mit solchen Gedankenspielen auseinander zu setzen. Manchmal ist es auch schlicht das Tagesgeschäft, das Sie daran hindert, sich mit anderen Dingen zu beschäftigen. Für alle Fälle gilt meine Empfehlung, das Guerilla-Marketing-Projekt erst einmal ruhen zu lassen.

Und in der Zwischenzeit strukturieren Sie Ihren Ideenfindungsprozess mit folgenden Fragen:

Fragen zur Strukturierung des Ideenfindungsprozesses　　　　**PRAXIS**

1. Wie lautet meine Zieldefinition (Kap. 4.2)?
2. Wer ist der Adressat der Guerilla-Marketing-Aktion (Kap. 4.2)?
3. Welchen Nutzen will ich kommunizieren (Kap. 4.4)?
4. Welches Budget steht mir zur Verfügung (Kap. 4.5)?
5. Welches lokale Know-how kann ich dafür einsetzen (Kap. 4.3.8)?
6. Welche Guerilla-Marketing-Aktionen gab es in meiner Branche bereits (Kap. 5.1)?
7. Was hat mir davon gut gefallen?
8. Was hat mir überhaupt nicht gefallen?
9. Was könnte in abgewandelter Form zu uns passen?

Erläuterungen zur Struktur des Ideenfindungsprozesses

"Welches lokale Know-how kann ich einsetzen?"

Dieser fünfte Punkt müsste eigentlich schon ziemlich umfangreich werden. Stellen Sie sich dabei auch die Frage, welche mögliche Guerilla-Aktion von Ihnen zum Stadtgespräch werden könnte, und dann stufen Sie für sich ein, was gerade noch für Sie selbst akzeptabel wäre.

Die eigenen Grenzen beachten

Beachten Sie dabei immer, dass Sie Ihre geschäftliche Existenz nicht mit der Guerilla-Aktion beenden wollen. Also seien Sie bitte nicht zu forsch und laufen beim nächsten Landesliga-Heimspiel Ihres örtlichen Fußballclubs als Flitzer mit Ihrem Logo auf dem Rücken über den Rasen. Ich garantiere Ihnen, das kommt nicht so richtig gut an.

*Denken Sie nicht zu kompliziert, meistens sind es
ganz einfache Aktionen, die Ihre Kunden begeistern.*

Alte Aktionen abwandeln

Fangen Sie deshalb in Ihren Gedankenspielen auch beim Einfachen an. Am besten bei dem, was Sie bisher immer gemacht haben. Versuchen Sie anschließend, diese Aktionen zu erweitern, zu verzerren, eben „anders" ablaufen zu lassen.

„Welche Guerilla-Marketing-Aktionen gab es in meiner Branche bereits?"

Unter Punkt sechs kommt Ihr (virtuelles) Sammelalbum zum Einsatz, das Sie beim Ideenentwickeln unterstützen soll. Dazu gehören auch die Aktionen anderer Branchen, die Sie beeindruckt haben, die Sie besonders witzig fanden oder die einfach gut waren. Damit spielen Sie jetzt Aschenputtel und legen die guten Aktionen zur siebten Frage und die schlechten, die Sie niemals machen würden, zur achten Frage.

„Was könnte in abgewandelter Form zu uns passen?"

Und damit kommen wir zur Frage neun. Dazu erst einmal einen Satz vorab: Wir haben in diesem Buch schon mehrmals davon gesprochen, dass Guerilla-Marketing-Aktionen einmalige Kampagnen sind, die sich nicht wiederholen lassen, weil sie dann langweilig wären, und die vor allen Dingen nicht nachgemacht werden sollen, weil das nicht nur langweilig, sondern auch peinlich wäre. Natürlich gilt das immer noch, ...

ABER: Da muss man auch den einen oder anderen Abstrich zulassen. Wenn eine Kampagne nicht gerade um die Ecke stattgefunden hat und dazu noch in einer ganz anderen Branche, halte ich es für durchaus legitim, dies als Vorlage für eine eigene Ideenskizze zu verwenden.

Aufgrund der örtlichen Besonderheiten, der unterschiedlichen Zielgruppen, des ganz anders gearteten Leistungsangebots wird eine solche Kampagne dann zwangsläufig immer anders ablaufen. Aber das nur am Rande, für den Fall, dass Ihnen einmal gar nichts einfallen will. Und natürlich muss das unter uns bleiben!

Die Ressourcen in der unmittelbaren Umgebung nutzen

Wenn Sie auf die neun Fragen befriedigende Antworten gefunden haben und sich die Erleuchtung immer noch nicht einstellt, nutzen Sie die Ressourcen in Ihrer unmittelbaren Umgebung:

- Stellen Sie Ihre Antworten auf die neun Fragen im Mitarbeiterkreis vor und laden Sie die Kollegen ein, sich ebenfalls am Kreativwettbewerb zu beteiligen. Manchmal stellt man fest, dass einige Mitarbeiter nur auf eine solche Gelegenheit warten, um endlich eine bis dato sorgfältig verschwiegene Idee präsentieren zu können. Außerdem bietet unser Guerilla-Marketing-Projekt Ihren Mitarbeitern die Chance, sich außerhalb des üblichen Arbeitsablaufs einzubringen, was durchaus motivierend wirken kann.

  Kreativwettbewerb unter den Mitarbeitern

- Ebenso bietet auch der Bekanntenkreis ein schönes Forum, um sich kreativ zu verwirklichen. Oder Sie nutzen ihn, um eine fertige Idee auf ihre Brauchbarkeit zu überprüfen. Stellen Sie Ihre Idee vor und achten Sie genau auf die Reaktionen Ihrer Bekannten. Verlangen Sie ausdrücklich eine ehrliche Kritik und weisen Sie daraufhin, dass Sie mit falschen Komplimenten Gefahr laufen, Ihr Geld umsonst zu investieren.

  Der Bekanntenkreis als Forum für Kreativität

- Analog können Sie einen solchen Kreis auch mit Ihren Geschäftspartnern einrichten. Erstaunlicherweise fällt einem bei anderen immer etwas ein, nur die eigene Idee, die will einfach nicht zünden. Das hängt damit zusammen, dass man bei anderen ziemlich unverkrampft und ohne zu verkomplizieren an die Sache herangeht. Da das auch Ihrem Gegenüber so geht, sollten Sie sich dieses Ideen-Potenzial nicht entgehen lassen. Und wie gesagt: Die meisten erfolgreichen Guerilla Marketing-Aktionen sind wirklich simpel!

  Kreativitätskreis mit den Geschäftspartnern

5.3 Von welchen Marketing-Aktionen fühlen Sie sich angesprochen?

Wenn alle auch im Marketing nach der Maxime von Immanuel Kant handeln würden (*„Handle so, als ob die Maxime deiner Handlung durch deinen Willen zum allgemeinen Naturgesetze werden sollte."*), dann gäbe es auf der Welt weder langweilige, noch blöde oder nervende Werbung. Die wenigsten Verbraucher (Sie und mich eingeschlossen) fühlen sich davon angesprochen und lassen sich dadurch zum Kauf animieren. Warum um alles in der Welt gibt es sie dann?

Warum gibt es langweilige Werbung?

Meine Lieblingserklärung lautet, dass sich die Verursacher dieser Werbeklöpse nicht selbst als Adressaten sehen. Sie haben die Fähigkeit zur Selbstreflexion abgelegt und richten sich an einen Verbraucher-Typus, zu dem sie nicht gehören und auch nicht gehören wollen. Wie sonst ließe sich dieser Müsli-Mann im Radio erklären, der meint, wenn er 25-mal „lecker" sagt, würde das automatisch jeder glauben? Wie sonst ließe sich der schrille Jamba-Wahnsinn erklären, der normalerweise zu Schwerkraftexperimenten mit Fernsehgeräten aus dem vierten Stock führen müsste? Und wer freut sich über die Ansage im Fernsehen, dass morgen in seinem Briefkasten Lotto-Werbung liegen wird? Jeder von Ihnen weiß, dass sich die Aufzählung dieser Beispiele endlos fortführen ließe.

Weil es sich dabei jedoch um klassische Werbung handelt, wollen wir uns nicht weiter darüber ärgern, sondern lediglich dafür sorgen, dass uns nicht das Gleiche mit Guerilla-Marketing-Aktionen passiert.

„DEN KUNDEN IMMER IM BLICK" WAR GESTERN, HEUTE GILT DIE ERGÄNZUNG „MIT DEM BLICK DES KUNDEN".

Gigantische, aber wenig erfolgreiche Aktionen der klassischen Werbung

Und das gelingt der klassischen Werbung nur noch in seltenen Fällen. Das kann sie auch nicht dadurch verdecken, dass ihre Aktionen immer gigantischer werden:

- Riesen-Kondome über Obelisken
- Nike-Trikot über der amerikanischen Freiheitsstatue
- Riesen-Smeagol aus „Herr der Ringe" über Flughafen-Gebäude in Neuseeland
- Große Bürogebäude als Lego-Adaptionen

Warum das jetzt auf einmal Guerilla Marketing sein soll, wissen wahrscheinlich nur die Werbeagenturen, die sich mit einem neuen Etikett wieder interessant machen wollen.

In dem Zusammenhang fällt mir auch der Inhaber einer Werbeagentur ein, die wirklich gute Werbekampagnen kreiert. Er sollte in seinem Vortrag die Brücke schlagen von „Querdenken" über „Werbung" hin zu „Guerilla Marketing". Und weil das partout nicht hinhauen wollte und er das bei der Erstellung seines Vortrags wohl auch selber gemerkt hat, schlug er vor, künftig doch alles einfach „Gorilla Marketing" zu nennen. Einverstanden. Ihr macht weiter Gorilla Marketing und wir kümmern uns um Guerilla-Marketing-Kampagnen, die aufgrund ihrer kreativen, kundenzentrierten Inszenierung eine Wirkung entfalten, die das Gorilla Marketing zum putzigen Äffchen degradiert.

„Gorilla Marketing"

Wie können wir das wissen, ohne vorher einen Kunden gefragt zu haben? Nun, weil wir uns in die Rolle unseres Kunden versetzen können und authentisch beantworten können, wie etwas auf uns wirkt. Wir fragen uns, wie unsere Aktion bei uns ankommt, ob wir sie witzig finden oder aufdringlich, ob wir als Kunden wahrgenommen wurden oder lediglich als abgestumpfte Konsumentenmasse. Das ist Ihre nächste Aufgabe bei der Entwicklung Ihrer Guerilla-Marketing-Kampagne:

Versetzen Sie sich in die Rolle des Kunden

> WENN SIE GLAUBEN, DIE RICHTIGE KAMPAGNEN-IDEE GEFUNDEN ZU HABEN, WECHSELN SIE DIE SEITEN. NEHMEN SIE DIE POSITION IHRER KUNDEN EIN UND HINTERFRAGEN SIE DIE KAMPAGNE GRÜNDLICH.

Keine Kampagne darf Ihren Schreibtisch verlassen, von der Sie nicht absolut sicher sind, dass Sie selbst sich von ihr angesprochen fühlen würden. Überlegen Sie dabei nicht lange, auch Ihre Kunden haben später nicht viel Zeit zum Nachdenken, ob sie Ihre Kampagne gut finden oder nicht. Wenn Sie eine Idee nicht sofort fesselt, kann es nicht die richtige sein.

Um Ihnen den selbstreflektorischen Prozess zu erleichtern, habe ich die folgenden zehn Regeln eines Guerilleros zusammengetragen.

Die zehn Guerillero-Gebote **INFORMATION**

1. Du sollst nicht nerven.
2. Du sollst kein Geld verschwenden.
3. Du sollst nicht langweilen.
4. Du sollst weder Mensch noch Tier in deinen Kampagnen diskriminieren.
5. Du sollst nicht kopieren.
6. Du sollst nicht lügen.
7. Du sollst nicht die Briefkästen anderer Leute vollstopfen.
8. Du sollst irritieren.
9. Du sollst unterhalten.
10. Du sollst anders sein.

*„Feldstudie" zur
Überprüfung einer
Kampagnen-Idee*

Um sich nicht nur auf das eigene Gespür zu verlassen, führen sie am besten eine kleine „Feldstudie" durch. Sobald eine Kampagnen-Idee geboren wurde, wird sie zunächst auf Herz, Nieren sowie alle vorangegangenen Kapitel geprüft. Wenn sie dann noch immer für tauglich befunden wird, ist die Zeit für das kleine Feld-Experiment gekommen:

- Sie laden zwei bis vier Kunden ein, mit denen Sie etwas vertrauter sind und deren Urteil Ihnen wichtig ist. Mit diesen Kunden führen Sie dann eine Generalprobe durch oder stellen Ihre Kampagne ausführlich vor.
- Da Sie nicht alle Kunden gleichzeitig beobachten können, sollten Sie sich die Unterstützung von einigen Mitarbeitern suchen. Denn was für Sie besonders wichtig und aufschlussreich ist, sind die Reaktionen Ihrer Kunden und natürlich ihre Mimik. Und um das vollständig erfassen zu können, brauchen Sie eben mehr als zwei Augen.
- Diskutieren Sie anschließend mit den Kunden über die Aktion und vergleichen Sie hinterher deren Aussagen mit den gezeigten Reaktionen. Wenn Ihre Kunden die Kampagne als durchführungsreif bewerteten und ihre Reaktionen sich davon nicht unterscheiden, können Sie getrost loslegen.

5.4 Wie Sie das Internet in Ihr Guerilla Marketing einbinden

*Das Internet hat sich als
gleichwertiges Marke-
tinginstrument neben
TV- und Printmedien
etabliert*

Das Internet hat bei den Verbrauchern mittlerweile den gleichen Stellenwert wie die großen etablierten Marketinginstrumente Fernsehen oder Printmedien. Angesichts der Tatsache, dass über 37 Millionen Bundesbürger über 14 Jahre „drin" sind, ist das wohl ein nicht zu unterschätzendes Argument, seine eigenen Online-Aktivitäten zielorientiert auszubauen.

Deshalb sollte das Internet in Ihrer Guerilla-Kampagne nicht unberücksichtigt bleiben. Eine gute Guerilla-Strategie kann sowohl durch Internet-Aktionen ergänzt werden als auch als eigenständige Kampagne im Internet erfolgen. Viele, auch Ihre lokalen Kunden, recherchieren verstärkt im Internet nach Leistungen, die auch von Ihnen angeboten werden.

SCHAFFEN SIE DAHER DURCH EINE GUTE INTERNET-STRATE-GIE DIE AUSGANGSBASIS DAFÜR, DASS SIE VON IHRER ZIEL-GRUPPE IM NETZ GEFUNDEN WERDEN.

Als erstes sollten Sie dafür sorgen, häufig bei den Suchmaschinen aufzutauchen. Es ist nach wie vor der wichtigste Einstieg für die meisten Erstbesucher Ihrer Seite. Suchmaschinen helfen dabei, sich in einem Angebot von mehreren hundert Millionen Internetseiten zu orientieren.

Entscheidend: Ein hohes Ranking in Suchmaschinen

5.4.1 Zunächst sollten Sie gefunden werden

Da Sie im Internet wahrscheinlich nicht die einzige Firma mit diesem Leistungsangebot sind, ist es für Sie umso wichtiger, nach Eingabe bestimmter Suchkriterien im Ranking so weit oben wie möglich zu erscheinen, um viele Besucher als potenzielle Kunden auf Ihr Angebot hinzuweisen.

Verhalten der Internetnutzer **INFORMATION**

- 85 Prozent der Internetnutzer benutzen Suchmaschinen, um gezielt nach Websites zu suchen.
- 90 Prozent klicken nur auf die ersten 30 Treffer der Suchmaschinen.
- 75 Prozent der Nutzer haben eine feste Kaufabsicht und möchten sich bestmöglich informieren.

(Quelle: GVU, Georgia Institute of Technology)

Zum intensiven Studium der Tipps und Tricks zur Suchmaschinenoptimierung empfehle ich Ihnen die Internetseite von Michael Gandke (www.gandke.de), der mir beim Schreiben dieses Kapitels mit seiner reichhaltigen Erfahrung im Online-Marketing hilfreich zur Seite gestanden hat.

Tipps und Tricks zur Suchmaschinenoptimierung

Wie wichtig das Beherrschen legaler Instrumente zur Optimierung des Suchmaschinenrankings ist, zeigt das Beispiel BMW, das von Google wegen angeblicher Versuche, die Suchergebnisse zu manipulieren, aus dem Index genommen wurde. Damit ist man erstmal für seine Kunden nicht erreichbar und muss erst mühsam eine Wiederaufnahme beantragen. Doch auch ohne solche Manipulationen kann eine gute Bewertung in den Suchmaschinen erreicht werden, nämlich dann, wenn möglichst viele andere Internetseiten auf Ihr Angebot hinweisen – und den Nutzern damit eine Empfehlung aussprechen.

Übertragen Sie daher den Netzwerkgedanken auch auf das Internet und gehen Sie strategische Link-Partnerschaften ein.

Ohnehin ist der Verweis einer Partner-Seite ein billiges und effektives Mittel, um auf sich aufmerksam zu machen. Das gilt jedoch nicht für Bannerschaltungen, die genauso wie Print-Anzeigen nur wenige Besucher auf Ihre Seite lenken und daher in keinem kommerziell attraktiven Verhältnis zu den dafür zu erbringenden Kosten stehen.

5.4.2 Verschränken Sie Ihre Offline- und Online-Werbung

Am wirkungsvollsten für einen erfolgreichen Unternehmensauftritt bleibt eine Kombination aus neuen und alten Medien.

Auf allen Ihnen zur Verfügung stehenden Medien, Dokumenten, Broschüren, Firmenwagen usw. darf die Erwähnung Ihrer Internetadresse auf keinen Fall fehlen.

Ihre Internetadresse soll sich zum einen bei Ihren Kunden etablieren, soll sie regelmäßig auf Ihre Seite lenken, um sie dort mit aktuellen Informationen über Sie und Ihre Leistungen zu versorgen. Ihre Internetseite soll sich dadurch aber auch im Suchmaschinenranking immer weiter oben positionieren, um auch von potenziellen Kunden leichter gefunden zu werden.

Um das Auffinden durch potenzielle Kunden zu erleichtern, bietet das Guerilla Marketing unkoventionelle Methoden an. Auch hier sind Ihren kreativen Ideen keine Grenzen gesetzt. So halten zum Beispiel Demo-/Konzert-/Stadion-Besucher Schilder mit Ihrer Internetadresse in Fernsehkameras. Allerdings gibt es bei diesen Guerilla-Strategien einige, die absolut nicht zu empfehlen sind und bei Entdeckung eine mehr als negative Wirkung haben. Dazu gehört das Vorgehen einiger Firmen, die in der Vergangenheit immer wieder Jobs ausgeschrieben haben, die in Wirklichkeit nie besetzt werden sollten. Da sich gute Jobangebote besonders schnell im Netz verbreiten, war dies ein profundes, aber dennoch fragwürdiges Mittel, die eigene Seite bekannt zu machen.

5.4.3 Suchen Sie den Austausch mit Ihrer Zielgruppe auch online

Auch im Internet gibt es zahlreiche Möglichkeiten, Ihre Zielgruppe zu treffen und sich mit ihr auszutauschen. Zu fast jedem Thema existieren unzählige Foren – also Nachrichtenplattformen, die Fragen und Antworten zu diversen Themen behandeln.

Internetforen

> *GERADE FÜR WIRKSAME MARKETINGARBEIT SIND DIESE FOREN HERVORRAGENDE QUELLEN, UM NEUE MARKTTRENDS ODER STIMMUNGEN UNTER KONSUMENTEN ZU ERKENNEN.*

Mit viel Fingerspitzengefühl können Sie hier sogar Ihre Produkte oder Leistungen vermarkten. Aber Vorsicht: Werbung ist in fast allen Newsgroups, Foren und Weblogs verboten oder zumindest nicht gerne gesehen. Beachten Sie unbedingt die dort geltenden Regeln, weil Sie sonst Ihre Glaubwürdigkeit verlieren. Wer allerdings geschickt vorgeht, gewinnt hier neue Kunden und Kooperationspartner.

PRÄSENTIEREN SIE SICH ALS EXPERTE

Stellen Sie doch Ihr Fachwissen der Allgemeinheit zur Verfügung: Beantworten Sie Fragen und geben Sie Hilfe. Weisen Sie immer wieder unterschwellig auf Ihr Produkt hin oder verwenden Sie eine „aussagekräftige" Signatur unter Ihren E-Mail-Texten. Aber bitte keinen Roman darunter schreiben, drei oder vier Zeilen sind ausreichend.

Signatur unter Ihren E-Mail-Texten

WERDEN SIE ZUM BLOGGER

Haben Sie eigentlich schon einen Weblog (auch Blog genannt)? Dieses kleine und fast immer kostenlose CMS (Content-Management-System) erlaubt es, sehr schnell eigene Beiträge auf eine Website zu stellen. Weblogs sind vergleichbar mit Tagebüchern, in denen die letzte Surftour durch das Internet, dabei gefundene interessante Links, branchenspezifische Neuigkeiten oder auch (nur) ganz einfach Berichte über die eigene Arbeit recht zwanglos veröffentlicht werden. Die Verfasser solcher Weblogs nennt man Blogger.

Online-Tagebuch

Aktuelle Einträge stehen immer oben, oft werden ältere Beiträge monatsweise archiviert und dienen als Wissensarchiv. Die Beiträge können auch kommentiert werden, was viele

Weblogs durchaus recht lebhaft gestaltet. Durch die hohe Aktualität und die Verlinkung verschiedener Weblogs untereinander lieben Suchmaschinen Weblogs. Dort werden Weblog-Einträge meistens bevorzugt behandelt und erscheinen dementsprechend ziemlich weit oben in der Trefferliste. Wenn Sie in Ihrem Gebiet häufig im Internet unterwegs sind und diese „Fundstellen" kommentieren können oder auch sonst etwas zu sagen haben, sollten Sie mit Ihrem Weblog dabei sein. Schnuppern Sie doch mal in unseren Guerilla-Marketing-Blog (www.guerilla-marketing-blog.de) und halten Sie Ihr Guerilla-Marketing-Wissen immer auf dem Laufenden.

Weblogs: Eine direktere, persönlichere Ansracheform gibt es kaum

Und ebenso können Sie Ihre (potenziellen) Kunden stets auf dem Laufenden halten. Eine direktere, persönlichere Anspracheform gibt es kaum. Nicht zu unterschätzen ist dabei auch die Möglichkeit zur – wenn auch verzögerten – Interaktion, indem die Besucher Ihres Blogs Kommentare zu Ihren Beiträgen hinterlassen können.

Blogs besitzen eine hohe Glaubwürdigkeit, da man in der Regel nur mit ein paar wenigen Blog-„Besitzern" kommuniziert. Gerade für Unternehmen ist es deshalb eine interessante Alternative, sich mittels Blog an ihre Zielgruppe zu wenden. Der Kunde hat auf diese Weise die seltene Möglichkeit, mit dem „Chef" zu sprechen und nicht nur mit irgend einem Call-Center-Angestellten.

Nehmen Sie sich einfach jeden Tag eine Viertelstunde Zeit und setzen Sie entweder einen neuen Beitrag in Ihren Blog oder beantworten Sie Kommentare.

Wenn Sie dafür beim besten Willen keine Zeit erübrigen können, lassen Sie es eben sein. Setzen Sie bloß keinen Alibi-Chef auf Ihren Blogsessel! Das fällt nach einer Weile sowieso auf, und Ihre Blog-Besucher, Ihre potenziellen Kunden, würden Ihnen das ziemlich verübeln.

5.4.4 Virales Marketing im Internet

Ähnlich einem Computervirus bedeutet „virales Marketing", dass Ihr Marketing Eigendynamik entwickelt, weil ähnlich einem Schneeballsystem immer mehr Menschen ihren Freunden und Bekannten von Ihnen, Ihrem Unternehmen und Ihren Produkte erzählen.

SORGEN SIE DAFÜR, DASS IHRE BESUCHER IHRE WEBSITE ANDEREN POTENZIELLEN KUNDEN WEITEREMPFEHLEN.

Natürlich kann das vom Online- auch in den Offline-Bereich wechseln. So bietet ein Schloss auf seiner Internetseite den Nutzern die Möglichkeit, druckfähige Schloss-Ansichten herunterzuladen. Damit lassen sich Einladungen für Firmenveranstaltungen oder Hochzeiten gestalten. Und schon wechselt das virale Marketing vom Online- in den Printbereich.

GEWINNE, GEWINNE, GEWINNE!

Nutzen Sie auf Ihrer Website alle Möglichkeiten, um virales Marketing auszulösen. Führen Sie Gewinnspiele oder Verlosungen durch. Achten Sie aber immer darauf, dass die Gewinne nur für Ihre Zielkunden interessant sind.

Gewinnspiele oder Verlosungen auf Ihrer Website

Zahllose Internetnutzer sind ständig auf der Jagd nach Gewinnspielen, kostenlosen Produktproben und anderen Vergünstigungen. Setzen Sie daher ausschließlich nicht auszahlbare Gutscheine als Preise an. Oder verlosen Sie Service-Leistungen rund um Ihr Produkt, die nur derjenige gebrauchen kann, der tatsächlich zu Ihrer Zielgruppe gehört.

MACHEN SIE AUS NUTZERN KUNDEN

Das Internet ist ein schnelles Medium. Ihnen bleiben nur wenige Augenblicke, um Ihren Besucher davon zu überzeugen, dass ausgerechnet Ihre Website ihm einen Nutzen bietet. Als abstraktes „virtuelles" Medium kann man das Internet aber nicht greifen, den Anbieter nicht sehen. Umso wichtiger ist es, Vertrauen aufzubauen: Gegenüber dem Medium Internet und gegenüber dem „unsichtbaren" Anbieter – also Ihnen. Beantworten Sie deshalb auch die unausgesprochenen Fragen Ihrer neuen Kunden. Versetzen Sie sich in die Lage Ihres Besuchers und beantworten Sie sich selbst seine Fragen. Gehen Sie wirklich offen mit seinen Fragen und Befürchtungen um? Und vor allem, wie wirkt Ihre Website auf Ihre potenziellen Kunden?

Die unausgesprochenen Fragen der Kunden beantworten

Es gibt zwei Arten von Besuchern: Einerseits diejenigen, die sich auf Ihre Website verirrt haben oder durch Zufall dort gelandet sind, und andererseits die, denen Sie etwas bieten können. Konzentrieren Sie sich auf die zweite Gruppe. Setzen Sie auf Ihrer Homepage Anreize, damit aus Besuchern Ihrer Website Kunden Ihres Geschäfts werden.

Machen Sie durch Anreize aus Besuchern Ihrer Website Kunden

Beispiel: Gutscheine zum Ausdrucken

Bieten Sie auf Ihrer Website Gutscheine zum Ausdrucken an – z.B. so wie auf dieser Seite eines Frisörsalons:

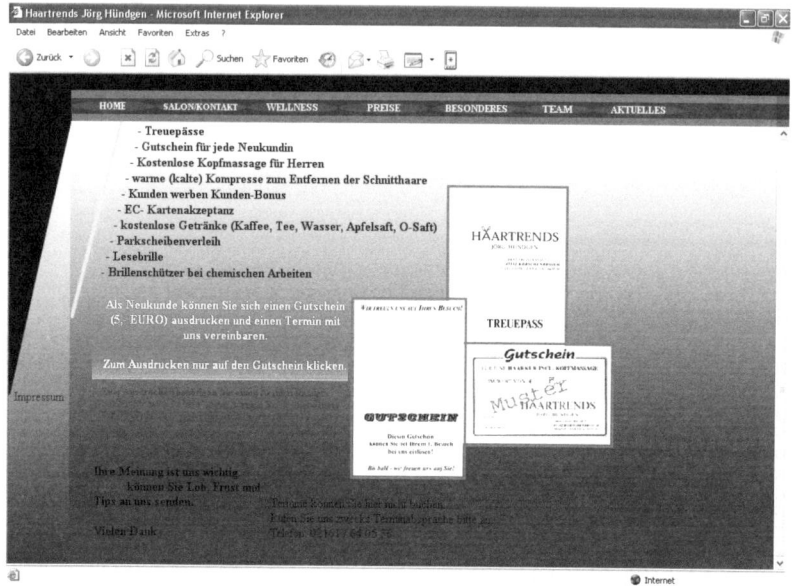

Abb. 22 Gutscheine zum Ausdrucken (Quelle: Haartrends Hündgen)

Diese Gutscheine können bei einem Erstkauf in Ihrem Geschäft eingelöst werden. Damit Sie das auch kontrollieren können, werden bei allen Erstkontakten die Kontaktdaten erhoben (natürlich mit E-Mail-Adresse).

„BITTE EMPFEHLEN SIE UNS WEITER!"

Was weckt mehr Vertrauen als die Empfehlung eines Freundes? Sehr wenig. Gibt uns ein Bekannter einen Tipp oder empfiehlt er eine Firma oder ein Produkt, schauen wir uns die Angelegenheit gleich mit ganz anderen Augen an. Wir vertrauen dem Tipp, weil wir unserem Bekannten vertrauen. Da können Ihre Produkte noch so toll sein, die Preise im Online-Shop noch so niedrig: Bauen Ihre potenziellen Kunden kein Vertrauen zu Ihrem Angebot auf, bleiben es Ladenhüter.

Durch Testimonials Vertrauen aufbauen

BENUTZEN SIE TESTIMONIALS, UM VERTRAUEN AUFZU-BAUEN.

Früher nannte man das „Empfehlungen" – das Lob Ihrer Kunden über Leistungen oder Produkte Ihrer Firma. Dieses Lob liefert den gewünschten Vertrauensvorschuss: Ihre neuen Kunden bekommen den Eindruck, dass Ihre Leistungen besonders gut sein müssen, weil sich ja andere Kunden positiv für Ihr Unternehmen aussprechen.

Ein kleines Fenster reicht, um Ihre Besucher zu animieren, Sie weiterzuempfehlen. Aber vergessen Sie die Belohnung nicht und setzen Sie daher für eine erfolgreiche Weiterempfehlung etwas aus, das für den Empfehlenden einen Wert hat. Das können z.B. Rabatte für Weiterempfehlungen sein oder Sie geben kostenlose Zugaben zu Ihren Produkten.

Weiterempfehlungen sollten belohnt werden

Oder besser noch: Sie lassen Ihre Besucher „Geschenkgutscheine" verschicken. Jetzt geht es nicht nur um eine Empfehlung, sondern Ihr Besucher verschickt ein kleines Geschenk, das natürlich nur auf Ihrer Website oder in Ihrem Geschäft eingelöst werden kann. Verbinden Sie die Empfehlungen mit einem „Partnerprogramm". Das bedeutet, dass Sie dem Empfehlenden bei erfolgreicher Vermittlung neuer Kunden eine Provision anbieten. *„Empfehlen Sie diese Website weiter. Für jeden Kauf, der dann durch Ihre Empfehlung hier getätigt wird, erhalten Sie von uns eine Provision in Höhe von zehn Prozent."*

Provision

So sind die Leute hoch motiviert, Ihre Produkte weiter zu empfehlen, weil ihnen das selbst einen Vorteil verschafft. Ihr Vorteil als Betreiber der Website ist, dass Sie nur dann Provisionen bezahlen müssen, wenn es tatsächlich zu Käufen kommt, und nicht bereits dann, wenn Ihre Anzeige erscheint.

IHRE KUNDEN SIND IHRE WERBESTARS

Haben Sie Referenzen oder Testimonials zufriedener Kunden auf Ihrer Website, die Internetnutzer dazu verleiten könnten, Kunde bei Ihnen zu werden? Ein zufriedener Kunde oder Geschäftspartner wird in Ihrer Werbung mit seinen positiven Aussagen zu Ihrer Produkt- oder Servicequalität zitiert. Nein, Sie sollen jetzt nicht Ihr Marketingbudget verbraten und „unser aller Kaiser" oder das Model mit der Vorliebe für Lakritz engagieren.

Hier geht es um echte Kunden, um Ihre Kunden! Und damit liegen Sie klar im Vorteil, denn bei den großen Markennamen in der Fernsehwerbung geht es weniger um Glaubwürdigkeit

Karsten Hermida
(neben Annemie Hülchrath)
Pächter von **Schloß Hülchrath**
"Das Marketing-Konzept hat uns sehr
geholfen und war in Sachen
Kreativität unschlagbar."

Jörg Hündgen, Inhaber "Haartrends",
Korschenbroich
"Alle Maßnahmen waren praktikabel
und vor allem erfolgreich, da ich
neue Kunden gewann."

Michael Kallrath,
Inhaber "Classix Herrenmode",
Mönchengladbach
"Seit meiner Gründung 1999 ist
MAKS meine externe Marketing-
abteilung und damit zuständig
für PR, Kunden-Events,
Werbung, Mailings und
Kundenbindungsprogramme."

Abb. 23 Kundenaus-
sagen gehören zum
Internetauftritt
(Quelle: MAKS)

Pressemitteilungen auf
Ihrer Homepage

als um Image-Partizipation. All die positiven Charakter-eigenschaften, die den prominenten Sympathie- und/oder Reputationsträgern unterstellt werden, sollen sich auf die beworbene Marke und damit später auch auf den Konsumenten übertragen. Doch bei Ihnen liegt der Fall ganz anders, denn Ihr Testimonial hat Ihr Leistungsangebot tatsächlich in Anspruch genommen und ist damit dermaßen zufrieden, dass er unentgeltlich der Welt davon erzählen will. Und weil er das eben freiwillig macht und nicht mit Geld oder ähnlichen Vorteilen dazu „gezwungen" wird, sind wir als potenzielle Kunden eher geneigt, seine Empfehlung ernst zu nehmen. Beispiele dafür sehen Sie in der linken Spalte.

Lassen Sie sich von einigen wichtigen Kunden – am besten natürlich von denen, die am besten auf Sie zu sprechen sind – kurze schriftliche positive Statements geben. Oder Sie machen es noch einfacher:

SCHREIBEN SIE KURZE STATEMENTS IM NAMEN IHRER KUNDEN UND FRAGEN SIE SIE ANSCHLIESSEND, OB SIE ES SO VERÖFFENTLICHEN DÜRFEN.

Verwenden Sie diese Statements dann an allen passenden Stellen. Verweisen Sie von allen Seiten darauf. So bauen Sie Vertrauen zu Ihrem Unternehmen, Ihren Produkten und Dienstleistungen auf. Aber Vorsicht: Glaubwürdigkeit erreicht man nur, wenn Worte und Taten übereinstimmen! Im Mittelpunkt jeglichen Marketings steht immer Ihr Produkt: die Qualität Ihres Produkts und sein Nutzen. Stimmen diese Fakten nicht mit Ihrer Werbebotschaft überein, verkommt Marketing und Werbung schnell zur reinen Phrasendrescherei. Stimmt aber alles überein, steht Ihrem Erfolg nur wenig im Weg.

ERLEICHTERN SIE JOURNALISTEN DIE BERICHTERSTATTUNG

Machen Sie es auch den Journalisten leicht, mehr über Ihr Unternehmen zu erfahren oder zu schreiben. Alle Pressemitteilungen sollten in einer speziellen Rubrik „Presse" zu finden sein. Stellen Sie neben dem verbreiteten PDF-Format auch die fertigen Mitteilungen im RTF-Format zur Verfügung. So können ganze Passagen einfach kopiert werden, was die Chancen deutlich steigert, dass Ihre wohlformulierten Texte kaum verändert übernommen werden.

140

5.4.5 Machen Sie Ihren Internetautritt zu etwas Besonderem

Wenn Ihr Internetauftritt lediglich Ihr Produktangebot enthält und Sie auch noch ausführlich beschreiben, wie unglaublich toll das doch sei, fallen Sie zumindest nicht negativ auf. Denn genau das Gleiche macht Ihr Wettbewerb auch. Aber auch hier zählt allein der Nutzen und der Zusatznutzen für Ihre Kunden.

BETRACHTEN SIE IHRE HOMEPAGE ALS STÄNDIGE GUERILLA-MARKETING-AKTION, MIT ALL IHREN ATTRIBUTEN UND EIGENHEITEN, DIE WIR BISHER ANGESPROCHEN HABEN.

Wenn Sie vor dem Monitor sitzen und durchs Netz surfen, fallen Ihnen manche Seiten auf, und bei anderen klicken Sie sofort weiter. Manche Seiten legen Sie zu Ihren Favoriten, andere vergessen Sie sofort wieder. Warum?

Analysieren Sie sich wieder einmal selbst und kontrollieren Sie, was die von Ihnen favorisierten Internetseiten auszeichnet. Nutzen Sie Ihre Erkenntnis und setzen Sie dementsprechend ebenfalls etwas Besonderes auf Ihre Seite. Etwas, was zu Ihnen und Ihrem Leistungsangebot passt. Ein Möbelschreiner könnte beispielsweise einen kostenlosen Raumplaner anbieten, ein Optiker den Online-Sehtest, eine Bäckerei einen „Torten-Designer".

Was zeichnet Ihre favorisierten Internetseiten aus?

ACHTEN SIE NICHT NUR AUF DAS „WAS", SONDERN AUCH AUF DAS „WIE"

Jetzt mal unter uns: Ich bin bestimmt nicht der Hüter der deutschen Sprache im Internet, aber was sich da mittlerweile für Abgründe auftun, lässt mir nicht selten einen Schauer über den Rücken laufen. Ob in Chatrooms, in Fachforen und sogar auf der eigenen Internetseite wird munter drauflos gepinnt, in fröhlicher Unkenntnis elementarer Rechtschreibregeln. Natürlich passieren Flüchtigkeitsfelher (sic), aber das ist damit nicht entschuldigt, dass die völlige Abwesenheit von den komischen Ansichten des Herrn Duden zum Programm erhoben wird.

Rechtschreibregeln beachten

Jetzt frage ich mich und Sie, wie soll denn da etwas verkauft werden? Wie soll denn da Vertrauen in die Professionalität und Leistungsfähigkeit eines Unternehmens geweckt werden, wenn man Vertrauen mit „F" schreibt? All die schönen Marketing-, insbesondere Guerilla-Marketing-Ideen sind zum Scheitern verurteilt, sobald die Zielgruppe in schriftlicher Form angesprochen werden soll. Das ist ungefähr so, als ob man einen eigentlich guten Witz verdirbt, weil man die Reihenfolge durcheinander bringt oder die Pointe zu früh verrät. Da bleibt das Lachen eben im Halse stecken.

Wenn Sie feststellen sollten, dass jemand in Ihrem geschäftlichen Umfeld seine Fehlertoleranz etwas zu wörtlich nimmt und Sie es eigentlich ganz gut mit ihm können, nehmen Sie ihn ruhig mal vertraulich zur Seite. Natürlich ist das nicht so einfach! Aber wenn Sie jemanden auf seinen offenen Reißverschluss hinweisen können – dann meistern Sie auch das und Ihr Gegenüber kann Ihnen eigentlich nur dankbar sein.

Auf den Stil kommt es an

Der Textstil sollte an die Adressaten angepasst werden

Genauso wichtig ist der Textstil. Ist er knackig, aktiv, umständlich, leicht verständlich, positiv? Versetzen Sie sich in die Bedürfnisse und Wünsche Ihrer Besucher hinein.

Gute Werbetexte stellen den Leser in den Mittelpunkt.

Das gilt erst recht im „schnellen" Internet. Präsentieren Sie keine langatmigen Produktbeschreibungen, die mehr das Produkt loben, als zu erläutern, warum man es kaufen sollte. Die Nutzenargumentation ist das Wichtigste, was einen potenziellen Käufer interessiert.

Lokale Kompetenz gilt auch online

Überprüfen Sie, wie und mit welchen Worten Ihre Zielgruppe über Ihre Produkte und Dienstleistungen spricht und passen Sie sich an. Der Köder muss dem Fisch schmecken, nicht dem Angler! Fachbezogene und zu technische Ausführungen eignen sich nicht, den Nutzen des Kunden in den Vordergrund zu stellen. Bedenken Sie: Kein Mensch braucht eine Waschmaschine, die Leute brauchen saubere Wäsche!

Sein Nutzen ist das Einzige, was Ihren Kunden interessiert!

Bleiben Sie aber realistisch und schweifen Sie nicht zu sehr aus. Was nicht unbedingt nötig und sinnvoll ist, lassen Sie weg. Aber beachten Sie: Nur ein unvollständiger und unplausibler Gedankengang sowie vage schwammige Aussagen, und schon wird der Lesefluss gestoppt. Der Leser verliert den Faden, Sie verlieren den Leser und wundern sich, warum Sie nichts verkaufen, obwohl Sie doch so einen schönen Online-Shop haben. Vage Aussagen und Übertreibungen kann man leicht daran erkennen, dass sie beim Leser Fragen aufwerfen.

Prüfen Sie, welche Fragen Ihnen immer wieder gestellt werden und optimieren Sie so laufend Ihre Texte.

Optimieren Sie Ihre Texte kontinuierlich

5.4.6 Pflegen Sie Ihre Stammbesucher

Lassen Sie die Nutzer Ihrer Produkte oder Dienstleistungen doch Ideen, Anregungen und Erfahrungen austauschen!

BILDEN SIE EINE COMMUNITY, INDEM SIE EIN EIGENES BENUTZERFORUM ODER NEWSGROUPS ANBIETEN.

Ein Benutzerforum auf der eigenen Website

Ihre Nutzer erhalten beispielsweise rund um die Uhr Support bei Problemen oder können sich mit Gleichgesinnten austauschen.

Einerseits entlastet das Ihre Mitarbeiter, die diese Fragen nicht (mehr) beantworten müssen, andererseits identifizieren sich diese Anwender so deutlich stärker und länger mit Ihrer „Marke". Ganz nebenbei erfahren Sie so sehr viel über die Bedürfnisse Ihrer Anwender oder die noch nicht erfüllten Bedürfnisse Ihrer potenziellen Kunden – was eine hervorragende Basis für Marktforschung ist!

Überstürzen Sie das eigene Forum jetzt aber bitte nicht. Schauen Sie auf Websites der Konkurrenz, wie dort die Stimmung ist, und vor allem, welche kommunikativen Fehler dort gemacht werden. Wenn Sie insgeheim nicht das Gefühl haben, dass Sie Ihre Kunden vollständig zufrieden stellen, ist es in der Regel keine besonders gute Idee, den unzufriedenen Kunden auch noch eine öffentliche Plattform zur Verfügung zu stellen, um deren Unmut in die Welt hinauszuposaunen! Vorteil allerdings ist, dass Sie die Stimmungen in Ihren Foren doch überwiegend selbst in der Hand haben. Denn wenn Sie Ihren Kunden kein Forum schaffen, macht das vielleicht Ihre Konkurrenz oder ein entsprechend thematisiertes Weblog ... Die Stimmung dort über Ihr Unternehmen haben Sie dann nicht selbst im Griff!

MARKTFORSCHUNG

Maßnahmen zur Marktforschung

Machen Sie schnelle Marktforschung:

* Bieten Sie (ausgewählten Besuchern) Gutscheine oder Warenproben an. Sie können dann leicht über Ihre Webstatistik nachvollziehen, ob diese zum Kauf führen.
* Bilden Sie so genannte Fokusgruppen oder Testgruppen, um neue Ideen oder Produkte zu testen.
* Stellen Sie in geschlossenen Benutzergruppen (Foren) ausgewählten „Betatestern" oder „Premiumkunden" bestimmte Angebote, Produkte, Ideen oder Dienstleistungen zur Diskussion. Sie erkennen auf diese Weise schnell die Stimmung im Markt und können Ihre Produktentwicklung dadurch auf wesentlich besser abgesicherte Tatsachen und Erkenntnisse stellen.

5.4.7 Achtung, werden Sie kein Guerilla-Opfer!

Rechtliche Rahmenbedingungen beachten

Geben Sie Ihren Mitbewerbern keinen Grund, mit teuren Abmahnungen gegen Sie vorzugehen. In ein Impressum gehören nach Teledienstgesetz (TDG) und dem Mediendienste-Staatsvertrag (MDStV) mindestens die Angaben, die Sie dem Kasten unten entnehmen können.

Für bestimmte (freie) Berufe gibt es zusätzliche Sonderregelungen. Alle Angaben müssen leicht zugänglich und lesbar sein, also sich leicht (prinzipiell von jeder Seite aus) aufrufen lassen. Das Thema Rechtssicherheit ist bei Internetauftritten leider häufig eine unsichere Angelegenheit.

Angaben im Impressum Ihrer Website　　　**INFORMATION**

* Name
* Firmenname
* Gesetzlicher Vertreter (z.B. Geschäftsführer)
* Anschrift
* Kontaktmöglichkeiten per Telefon, Fax und E-Mail
* Wenn vorhanden, die Registernummer des Handelsregisters, Vereinsregisters o.Ä.
* Wenn vorhanden, die Umsatzsteueridentifikationsnummer

5.5 Wie Sie die Medien in Ihr Guerilla Marketing einbinden

Voraussetzung hierfür ist natürlich, dass Sie die Medien überhaupt einbinden wollen. Aber warum sollten Sie diese günstige und effiziente Form der Öffentlichkeitsarbeit nicht nutzen? Mit einer aktiven und vor allem offensiven Pressearbeit stehen Ihnen auch als kleinerem Unternehmen Tür und Tor offen, um Ihr wirtschaftliches Handeln zu unterstützen. Und außerdem gehören die Medien zum Guerilla Marketing wie der Schaum aufs Bier. In dieser Allianz gewinnen nämlich alle drei Seiten: Sie, die Medien und die Medienrezipienten, denen eine gute Story geboten wird.

Offensive Pressearbeit unterstützt das wirtschaftliche Handeln

Je ungewöhnlicher Ihre Aktion ist, umso größer ist die Chance, dass die Medien darüber berichten. Den Medien „Futter" liefern und gleichzeitig davon profitieren, diesen Prozess setzen viele Guerilla-Marketing-Aktionen in Gang und erzielen damit die Reichweitenüberlegenheit gegenüber klassischen Marketingaktionen. Auch in Ihrer Medienarbeit sollten Sie so wenig wie möglich dem Zufall überlassen, sondern alle zur Verfügung stehenden Optionen nutzen, um den Erfolg Ihrer Guerilla-Marketing-Kampagne durch eine breite Medienresonanz gezielt zu stützen und zu steigern. Eine Präsenz im Nachrichtenteil der Medien erzielt eine ganz andere Aufmerksamkeit als auf den Anzeigenseiten.

Auch in der Medienarbeit sollte nichts dem Zufall überlassen werden

FÜR VIELE IHRER KUNDEN WIRKEN PRESSEARTIKEL WESENTLICH NEUTRALER UND GLAUBWÜRDIGER, DA FÜR DIE VERÖFFENTLICHUNG JA KEINE MONETÄREN GRÜNDE AUSSCHLAGGEBEND SIND.

Wenn Sie bisher geglaubt haben, es sei schon ein großer Erfolg, wenn Ihr Unternehmen überhaupt mal in der Presse erwähnt wird, so verabschieden Sie sich bitte schnell von dieser Vorstellung. Sie gehen dabei von einer völlig ungleichgewichtigen Zusammenarbeit mit den Medien aus. Sie sehen zu sehr die Macht der Medien, Sie einer breiten Öffentlichkeit vorzustellen und damit über Ihren wirtschaftlichen Erfolg mitbestimmen zu können. Mit so einer Einstellung gehen Sie doch schließlich auch in kein Verkaufsgespräch, obwohl Ihr Gegenüber ebenfalls Einfluss auf Ihren geschäftlichen Erfolg nehmen kann.

SEHEN SIE SICH ALS PARTNER DER MEDIEN, DA SIE SICH GE-
GENSEITIG IN IHREN ZIELEN UNTERSTÜTZEN KÖNNEN.

Auch die Medien befinden sich im wirtschaftlichen Wettbewerb. Der Kampf um aktuelle Nachrichten und exklusive Informationen tobt unerbittlich, tagtäglich aufs Neue. Manche Zeitungen verlieren in diesem Kampf, andere denken über
Fusionen nach. In dieser Situation können Sie wertvolle Unter-
stützungsarbeit leisten. Nein, Sie müssen nicht in den Nahen
Osten reisen, um Frontfotos zu schießen. Es geht einzig und
allein um die Informationen, die Sie und Ihr Unternehmen zu
bieten haben.

Unterstützen Sie die Me-
dien mit Informationen
über Ihr Unternehmen

In Kapitel 2.1.4 haben Sie gesehen, dass ich Ihnen zahlreiche PR-Vorschläge machen konnte, wie Sie schon morgen in
der Zeitung stehen können. Das waren sogar eher klassische
Themen für klassische PR-Arbeit. Aber jedes Thema besitzt
durchaus seinen eigenen Nachrichtenwert. Das ist es, wohin-
ter die Medien her sind wie der Teufel hinter der Großmutter.
Was einen Nachrichtenwert besitzt, wird in der nächsten Auflage mit aufgenommen. Was mit aufgenommen wird, soll den
wirtschaftlichen Erfolg der Zeitung gewährleisten. Was den
wirtschaftlichen Erfolg einer Zeitung gewährleisten kann,
muss einen Nachrichtenwert haben.

Guerilla-PR

Jetzt wollen wir aber nicht über klassische PR-Arbeit reden,
sondern über Guerilla-PR, was gemäß unserer Guerilla-Marke-
ting-Theorie etwas ganz anderes, Originelles, Kreatives ist.
Wieviel größer muss dann erst der Nachrichtenwert sein?

5.5.1 Pflegen Sie Ihre Kontakte zu den Medien

IHR ERSTER PRESSEKONTAKT: AUFBAUEN EINES PRESSE-
VERTEILERS

Ihr Presseverteiler
enthält Kontaktangaben
der Medien, die Sie mit
Informationen versorgen
möchten

Ihr Presseverteiler enthält alle Kontaktangaben von Medien,
die Sie zukünftig mit Presseinformationen versorgen wollen.
Genau wie in Ihrer Kundendatenbank erfassen Sie im Laufe der
Zeit nicht nur die klassischen Adressangaben, sondern alle
Angaben, die Ihnen für eine erfolgreiche Zusammenarbeit
nützlich sein können. Denn auch ein Redakteur freut sich über
einen persönlichen Geburtstagsgruß.

Nutzen Sie Ihre unvollständigen Adressangaben ruhig für
einen ersten Anruf in dem jeweiligen Zeitungsverlag. Erklären

Sie der Zentrale Ihr Anliegen und lassen sich mit dem für Sie zuständigen Redakteur verbinden. Und ihn fragen Sie dann nicht nur nach seiner E-Mail-Adresse, sondern Sie erzählen ihm auch gleich mal ein bisschen über Ihr Unternehmen – wer weiß, vielleicht hat er für die nächste Ausgabe zufällig noch einen Platz frei ...

ALLE ODER KEINER

Für Ihre Medienarbeit sollten Sie persönliche Kontakte zu den Redakteuren aufbauen. Insbesondere wenn es bereits zu einer Veröffentlichung gekommen ist, sollten Sie den Kontakt pflegen, indem Sie von Zeit zu Zeit mal wieder anrufen. Damit halten Sie sich in Erinnerung, und wer weiß, vielleicht rufen Sie zufällig in einer Situation an, wo Sie sich direkt einbringen können. Fragen Sie deshalb ruhig, woran Ihr Redakteur gerade arbeitet und ob es dabei Anknüpfungspunkte zu Ihrem Unternehmen gibt. Wenn es keine geben sollte, unterbreiten Sie eben selbst Vorschläge für mögliche Themen.

Persönliche Kontakte zu den Redakteuren aufbauen

Manche Unternehmer gehen zuweilen auch dazu über, mit Redakteuren bestimmter Zeitungen eine stärkere Zusammenarbeit zu pflegen und dafür andere Zeitungen zu vernachlässigen. Aufgrund dieses exklusiven „Abkommens" versprechen sie sich eine verlässlichere, größere und durchweg positive Berichterstattung über das eigene Unternehmen. Davon würde ich an Ihrer Stelle erst einmal die Finger lassen. Natürlich ist es eine feine Sache, sozusagen ein eigenes „Hausorgan" zu haben, aber erstens fällt eine ständige Präsenz auch den Lesern, sprich: Ihren Kunden auf, die nicht lange brauchen, um dahinter eine Klüngelei zu vermuten, was sich negativ auf die erwähnte Glaubwürdigkeit Ihrer Medienpräsenz auswirkt. Und zweitens wäre mir das Risiko viel zu groß, dass Ihre „ständige Redaktionsvertretung" plötzlich in eine andere Stadt wechselt oder aus anderen Gründen ausfällt.

Behandeln Sie Ihre Medienkontakte gleichwertig

HALTEN SIE ALLE GLEICH, WAS DIE VERTEILUNG IHRER INFORMATIONEN ANGEHT UND VOR ALLEM AUCH IN BEZUG AUF DEN ZEITPUNKT DER INFORMATION.

Berücksichtigen Sie die unterschiedlichen Redaktionsschluss-Zeiten, insbesondere bei Presseorganen, die nicht täglich erscheinen.

Redaktionsschluss-Zeiten beachten

BLEIBEN SIE AUCH BEI DEN MEDIEN LOKALPATRIOT

Vorzüge der Zusammenarbeit mit lokalen Medien

Wenn Sie mit Ihrem Unternehmen nicht gerade bundesweit agieren, sollten Sie sich bei Ihrer Pressearbeit auch an Ihre lokalen Medien halten. Natürlich ist es schon etwas Besonderes, wenn etwas über Sie und Ihr Unternehmen im „Stern" oder „Focus" erscheint, aber damit erhöhen Sie die Absatzchancen in Ihrem regionalen Absatzmarkt nur unwesentlich. Aber genau das bleibt unser Ziel, genau das wollen wir doch durch die Zusammenarbeit mit den Medien erreichen: eine gezielte Ansprache der Zielgruppe mit interessanten und gleichzeitig Kaufanreize vermittelnden Informationen. Und diese Zielgruppe ist nun mal bei den meisten von uns in einem regionalen Markt zu finden. Arbeiten Sie deshalb mit den darauf ausgerichteten Medien zusammen.

Hinzu kommt, dass lokale Medien viel eher geneigt sind, über Arbeit und Wirken kleiner und mittelständischer Betriebe vor Ort zu berichten als die überregionalen Massenblätter. Lokale Medien berichten für lokale Leser, und das sind genau diejenigen, die als Kunden für Sie infrage kommen.

FOTOS STEIGERN DIE AUFMERKSAMKEIT ENORM

Pressefotos

Es ist nicht nur gut und hilfreich für Ihr Unternehmen, wenn die Presse über Sie schreibt. Es ist auch besonders gut und aufmerksamkeitsstark, wenn sie ein dazu gehörendes Pressefoto abdruckt. Viele Leser fliegen mit ihren Blicken über die Seiten und bleiben meist an den Artikeln hängen, zu denen ein Foto abgedruckt wurde.

DAS SCHÖNE DARAN IST, DASS IHRE CHANCEN AUF BERICHTERSTATTUNG STEIGEN, WENN SIE EIN GUTES FOTO BEISTEUERN KÖNNEN.

Das erhöht nicht nur die Aussagekraft und Verständlichkeit des Textes, sondern kann dem Redakteur auch zusätzlichen Aufschluss über die Geschehnisse „vor Ort" vermitteln.

Aber wie schon gesagt: Es sollte ein gutes Foto sein. Entweder beherrschen Sie oder einer Ihrer Mitarbeiter die Kunst der Fotografie, oder Sie investieren in einen guten Fotografen. Oder Sie laden die Presse zu einem Fototermin ein und sind in Ihrer Einladung so überzeugend, dass die Medien ihre eigenen Fotografen schicken.

Dazu gebe ich Ihnen direkt noch einen Tipp: Diese Fotografen sind der Regel Freiberufler. Und ich finde, es gibt keinen leichteren Weg, an hochwertige, professionelle Fotos von Ihnen oder Ihrem Unternehmen zu kommen, als wenn Sie sie bitten, Ihnen ein paar Fotos, auch gern gegen ein Honorar, zu überlassen. Diese Fotos können Sie anschließend für Ihre Internetseite nutzen oder Sie setzen sie in Ihrem Kunden-Journal ein. Anwendungsbereiche für gute Fotos gibt es reichlich.

PRESSEKONFERENZEN SIND NICHT NUR FÜR DIE „GROSSEN"

Wenn Sie etwas Besonderes oder Außergewöhnliches mitzuteilen haben, sollten Sie auch die Form der Informationsmitteilung standesgemäß gestalten und sich nicht scheuen, dafür eine Pressekonferenz einzuberufen. Dies jedoch nur, wenn Sie sich sicher sind, dass Sie nicht schon nach wenigen Sätzen alles gesagt haben werden.

Pressekonferenz

Sollten Sie aber vorher bereits mit Rückfragen rechnen oder erschließt sich die Komplexität einer Thematik nicht in einer Pressemeldung, ist eine Pressekonferenz durchaus angebracht. Damit Sie mit einer ausreichend großen Beteiligung rechnen können, bietet es sich mal wieder an, dafür die entsprechenden lokalen Partner zu aktivieren.

SUCHEN SIE SICH STARKE LOKALE PR-PARTNER

Nutzen Sie dafür Ihre guten Kontakte zu den örtlichen Wirtschaftsverbänden und der Kommunalpolitik. Es macht sich einfach besser, wenn Sie in der Einladung darauf hinweisen können, dass auch ein Vertreter der Wirtschaftsförderung sowie der Bezirksvorsteher bei der anstehenden Pressekonferenz anwesend sein werden, um sich zu dem betreffenden Thema zu äußern.

Wenn Sie eine Pressekonferenz einberufen, besteht das Ziel selbstverständlich darin, unter allen Umständen von den eingeladenen Medien in der Berichterstattung berücksichtigt zu werden. Auch wenn Sie das letztlich nicht beeinflussen können, sollten Sie bei der Vor-, aber auch bei der Nachbearbeitung der Pressekonferenz alle Möglichkeiten nutzen, die Ihnen zur Verfügung stehen.

Gründliche Vorbereitung

Um Ihnen bei der Ablaufplanung einer Pressekonferenz eine Hilfe an die Hand zu geben, habe ich für Sie auf der folgenden Seite eine detaillierte To-do-Liste zusammengestellt.

TO-DO-LISTE FÜR PRESSEKONFERENZEN

WAS UND WIE?	WER?	WANN?	O.K.
Vor der Pressekonferenz			
Teilnehmerliste aufstellen			
Termin mit den Rednern koordinieren und festsetzen			
Raum mieten/freihalten, Catering organisieren			
Presseverteiler aufstellen (regionale und überregionale Medien: Hörfunk, TV, Zeitschriften, Zeitungen)			
Einladung an die Presse formulieren und versenden			
Pressemappe vorbereiten			
Bei Bedarf Bewirtung und Unterbringung von auswärtigen Journalisten veranlassen			
Namensschilder (Rednertische)			
Konferenzraum vorbereiten: Dekoration, Technik			
Während der Pressekonferenz			
Moderation durch Geschäftsleitung oder Presseverantwortliche/-n			
Fragen kurz und sachlich beantworten			
Nach der Pressekonferenz			
Pressemappen an Journalisten verschicken, die nicht teilgenommen haben (nachtelefonieren!)			
Artikel und Berichte in kontaktierten Medien sammeln und archivieren			

Das waren die ersten Tipps zum Einstieg in die Guerilla-PR. Fassen wir diese und weitere wesentliche Punkte einmal in einer Checkliste zusammen:

Checkliste Guerilla-PR **PRAXIS**

1. Diese Medien (Zeitungen, Radiosender, TV-Stationen, Blogs, Internet-Newsletter etc.) sollen über uns berichten:

   _____
   _____
   _____
   _____
   _____
   _____

2. Dies sind meine Ansprechpartner in den Redaktionen, zu denen ich einen persönlichen Kontakt aufbauen möchte:

   _____
   _____
   _____
   _____
   _____
   _____

3. Für diese Zeitungen/Blogs/Foren schreiben wir selbst (Leserbriefe/Beiträge/Fachaufsätze) mit einer klaren Aussage und initiieren die Diskussionen:

   _____
   _____
   _____
   _____
   _____

4. Über folgende Themen verfassen wir Pressemitteilungen:
   Thema: _____
   _____
   _____
   _____

   Aussendungstermin: _____
   _____

5.5.2 Fallbeispiel: Besuch beim Promi-Frisör in London

Ein Frisörmeister unternahm einen eintägigen Ausflug in die Metropole London, um sich mal in der dortigen Stylisten-Szene umzusehen und vielleicht die eine oder andere Anregung mit nach Hause zu nehmen. Vorher hatte er im Internet recherchiert und mit einem Berufskollegen einen Gesprächstermin vereinbart. In London angekommen, sah er ernüchtert ein, dass die englischen Frisöre ihren Kunden auch nur mit Wasser die Haare waschen – allerdings zu gesalzenen Preisen, denn die Studios, die er aufsuchte, befanden sich im Künstlerviertel Covent Garden.

Als auch der Gesprächstermin mit dem Londoner Kollegen nichts weltbewegend Neues ergab und zu keiner großen Inspiration führte, kehrte der Frisör ein bisschen enttäuscht nach Hause zurück.

Damit die kurze Reise nicht ganz vergeblich war, wollte er wenigstens eine Meldung an die lokale Presse verschicken und darin informieren, dass er auf einer Exkursion zu den Frisören der britischen Metropole unterwegs gewesen war und viele neue Eindrücke mitbringen konnte.

Um in der Meldung den Studio-Namen seines Gesprächspartner unterzubringen, musste er nochmal ins Internet auf dessen Homepage – und konnte kaum glauben, was er dort las: Sein Londoner Gesprächspartner war nämlich zufällig der Haus- und Hof-Coiffeur für die Spice Girls, Nicole Kidman (die er stets nur im Hotel frisierte), Britney Spears sowie die Bands Blur und Oasis ...

Also wurde seine Pressemeldung etwas umfangreicher, er bot zusätzlich noch Fotos vom Londoner Studio an und zählte natürlich alle Promi-Namen auf, derer er habhaft werden konnte. Die Reaktion ließ nicht lange auf sich warten: Kurze Zeit später klingelte sein Telefon, und das hörte auch eine Weile nicht mehr auf. Alle lokalen Medien bis hin zum WDR-Fernsehen wollten die Story vom Frisör aus der Provinz, der den Promi-Frisör in London besuchte.

Und weil unser Frisör ein richtiger Guerillero ist, entwickelte er kurzerhand ein Abendseminar, in dem er seine Kunden über die neuesten Trends aus London informierte. Die Werbung für die Seminare übernahmen die Medien gerne, und so hieß es auch bald: „Ausverkauft!"

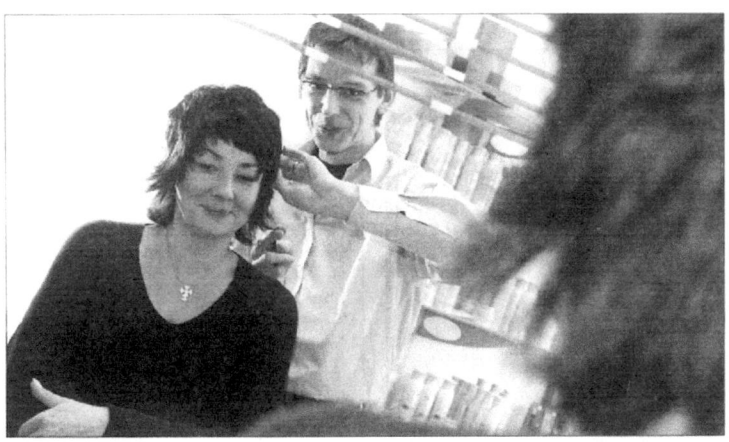

Angela Ajala, Mitarbeiterin von Friseursalon-Inhaber Jörg Hündgen, zeigt schon mal ein Beispiel für den neuesten Trend bei Frisuren. Die beiden und weitere Kollegen haben sich jetzt bei Londoner Top-Haarstylisten informiert. NGZ-Foto: L. Berns

Friseur-Team informierte sich bei Londoner Top-Adressen über neueste Trends

Der „Pilzkopf" der Beatles-Zeit soll auch in Korschenbroich zu sehen sein

Korschenbroich. Vielleicht tauchen schon bald auf den Korschenbroicher Straßen Frisuren angenähert an die Pilzköpfe aus der Beatles-Generation und an das Outfit der 20er Jahre auf. Auf jeden Fall sind Jörg Hündgen und sein Team vom Friseursalon „Haartrends" mit vielen Ideen von einer Kurzvisite bei Top-Haarstylisten in London zurück gekommen. Bei einem „Trendabend" am 29. März wollen sie die neuesten Trends vorstellen.

„Eine solche Veranstaltung ist in Korschenbroich meines Wissens bislang einmalig", erläutert der 37-jährige Inhaber des Salons mit acht festen Angestellten, darunter vier Auszubildenden. „Wir wollen immer wieder Neues präsentieren, neue Trends aufgreifen." „Etwa bei Modeschauen sieht man tolle Frisuren, aber dann kommt die Frage, wer so etwas wirklich im Alltag trägt?", ergänzt Thomas Patalas, der Hündgen bei Marketingfragen berät. „Wir wollten nun nachhaken, wie sich neueste, ungewöhnliche Trends und Alltagstauglichkeit verbinden lassen können." Das Ziel war rasch ausgemacht: Der Londoner Stadtteil Covent Garden: „Die Haarstylisten dort verstehen sich nicht als Handwerker, sondern als Künstler. Auch Premier Tony Blair

geht dort zum Friseur." Doch längst nicht nur Politiker lassen bei den angehenden Adressen fremde Hände an ihr Haar. „Im Salon Mc Millan von Dominik Dicimbo, wo wir uns umgesehen haben, gehören die Band-Mitglieder von Oasis, die Spice Girls und Britney Spears zu den Kunden."

Britisches Understatement

Für einen Tag also blieb der Salon an der Brauereistraße geschlossen: Jörg Hündgen und einige Mitarbeiterinnen flogen aus ganz „haarigen" Gründen in die britische Metropole. Die erste Überraschung: „Trotz berühmter Kundschaft fanden wir dort einen überhaupt nicht wie erwartet noble Salon-Tempel vor", erzählt Hündgen. Typisch britisches Understatement sei dort angesagt – mit einer etwas altertümlichen Ausstattung und einem recht legerem Umgang." Der Ausbildungssalon dagegen ist topmodern, steht aber abseits im Keller des Hauses. Ganz gemischt sei der Kundenkreis: „Der Konservative sitzt dort durchaus neben einem ganz ausgeflippten Typen auf dem Frisierstuhl." Doch nicht das Publikum an sich, sondern die „In"-Frisuren standen im Mittelpunkt des Interesses der

deutschen Besucher bei Mc Millan: „Im Kommen sind Frisuren angenähert an die 20er Jahre mit geraden, glatten Schnitten und an die 60er Jahre." Pilzkopf und „Affenschaukel" könnten also Wiederkehr feiern, doch die altbekannten Elemente werden mit Neuem kombiniert, die Frisuren fallen deutlich „fransiger" aus. „Mann trägt wieder langer und außerdem viel Farbe, blonde Strähnchen oder auch dunkle, abmattierte Töne."

Die Köpfe von Hündgen und seinen Mitarbeiterinnen sind voller Ideen, die nun umgesetzt werden sollen. „Der Tagestrip nach London war anstrengend, aber sehr motivierend. Beim Trendabend am 29. März ab 20 Uhr wollen wir bei uns im Salon die neuesten Trends kombiniert mit eigenen Ideen vorstellen." Wer will und etwas Mut mitbringt, kann sich gleich dort stylen lassen. Londoner Haargeschmack bald in Korschenbroich? Die Frisuren werden dem Geschmack bei uns angepasst. Deutsche Kunden sind gesundheitsbewusster, wollen keine „chemische Keule", wie sie in London oft eingesetzt wird", erklärt Thomas Patalas. Das „ionisierende" Haar, das wie Gummi länger wird, soll nicht übernommen werden.   **Carsten Sommerfeld**

Abb. 24   Medienrummel um den Promi-Trip (Quelle: Stadt-Spiegel Mönchengladbach, 17.03.04)

Abb. 25   Guerilla-PR im Wahlkampf: obs/VOBIS

5.5.3 Halten Sie sich dort auf, wo die Kameras sind

Im Bundestagswahlkampf 2002 ließ sich der Computerhänd-
ler Vobis eine originelle Guerilla-PR-Idee einfallen. Mit eigenen vermeintlichen „Wahlkampfplakaten" mit der Aufschrift
„Mehr Leistung, mehr Arbeitsspeicher, mehr RAM!" besuchte
ein kleines Promotionteam die Kundgebungen der Kanzler-
kandidaten. Dort postierten sich die „Wahlkämpfer" immer
schön in der Nähe der Politiker – wie Abb. 25 zeigt.

Auf diese Weise konnten die aufnehmenden Fernseh- und
Fotokameras gar nicht an ihnen vorbeigucken und brachten
den Vobis-Slogans eine Präsenz in vielen Zeitungen und Fern-
sehsendungen. Mit einem Etat von 5.000 Euro für den Einsatz
der Promoter erreichte man über 20 Millionen Medienkontakte.

5.5.4 Stehen Sie dort, wo Ihre Kunden hingucken

Wenn jemand eine berufliche Weiterbildung abschließt, ist
das für ihn eine schöne Sache, aber leider keine Meldung wert.
Da dieser Abschluss aber seine berufliche Karriere unterstützen soll, muss er sich eben etwas anderes einfallen lassen, um
so viele Leute wie möglich auf seine neue Zusatzqualifikation
hinweisen zu können.

Wissen Sie, welcher Teil einer Tageszeitung am stärksten gelesen wird? Genau, die Todesanzeigen. Da sollen Sie natürlich noch keine Anzeige platzieren, sondern kurz vorher, da wo die Glückwünsche und Grüße stehen. Und wenn Ihnen partout niemand einen Gruß schicken will – dann machen Sie es selbst.

BESETZEN SIE ETABLIERTE ANZEIGENPLÄTZE IN IHRER TAGESZEITUNG UND GRÜSSEN ODER GRATULIEREN SICH SELBST.

Sie haben Geburtstag oder gerade eine berufliche Fortbildung abgeschlossen? Dann lassen Sie Ihre Mitarbeiter, Familienmitglieder oder Freunde doch mal zu Wort kommen, indem sie Ihnen mit einer Glückwunsch-Anzeige gratulieren – z.B. so:

Endlich geschafft!!!

Ziehen im Rücken, Knacken in den Gelenken? Nichts wie hin ins Rheydter Stadtbad, denn seit dem 16.09.03 ist

Axel-André Richter

Physiotherapeut

Wir wünschen Dir viel Erfolg!

Monika, Pascal, Maren, Daniel, Kai, Mama und Papa, Elsbeth und Dieter

Abb. 26 Privater Anzeigengruß mit gewerblichem Hintergrund (Quelle: Rheinische Post, 8.10.03)

5.5.5 Passen Sie sich wie ein Chamäleon Ihrer redaktionellen Umwelt an

Manchmal kann die Presse wirklich nicht anders. Auch wenn man bisher noch so gut miteinander gearbeitet hat, aber bestimmte Regeln müssen eingehalten werden, sonst riskiert die Zeitung eine Abmahnung ihres Mitbewerbers. Es geht darum, dass redaktionell gestaltete Veröffentlichungen abgemahnt werden, wenn sie geeignet oder überwiegend dazu bestimmt sind, für darin erwähnte Unternehmen oder deren gewerbliche Leistungen zu werben. Und zwar saftig. Um zu verhindern, dass die Medien Ihre Informationen nicht abdrucken, können Sie aber einen kleinen, wenn auch kostenpflichtigen Schlenker machen:

Anzeige nach dem Satz-spiegel der Zeitung

GESTALTEN SIE EINFACH IHRE ANZEIGE NACH DEM SATZ-SPIEGEL DER ZEITUNG.

Sie wird zwar mit dem Zusatz „Anzeige" versehen, aber das fällt nur den wenigsten auf, wie das folgende Beispiel zeigt:

ANZEIGE

Frischer Wind für Giesenkirchens Geschäftswelt

Michael Kallrath zögerte nicht lange, als er von der Kreisbau das Angebot bekam, auf der Heukenstraße eine Filiale von "CLASSIX-Herrenmode" zu eröffnen. BRUNNEN-ECHO sprach mit dem jungen Geschäftsmann über seine Entscheidung für den Standort Giesenkirchen und worauf sich seine Kundschaft ab dem 10. Oktober freuen darf.

BE: "Herr Kallrath, was hat Sie dazu bewogen, in Giesenkirchen eine neue Filiale zu eröffnen?"

Kallrath: "Nun, einerseits ist mir Giesenkirchen schon vertraut. Einige aus meinem Freundeskreis wohnen hier, so dass ich regelmäßig zu Besuch komme und auch schon häufiger beim Karneval mitgefeiert habe. Andererseits gefallen mir die Räumlichkeiten im Herzen von Giesenkirchen sehr gut, nicht zuletzt auch wegen der Parkplätze vor dem Geschäft."

BE: "Sie haben die Textilbranche 'von der Pike auf' in großen Modehäusern kennengelernt und sind mit Ihrem Konzept bereits in Rheydt sehr erfolgreich. Was ist das Besondere daran?"

Kallrath: "Ich glaube, dass unseren Kunden die Kombination aus Sortiment, Beratungskompetenz und Service-Stärke gefällt. Auch meine neue Mitarbeiterin CAMPIONE",

Inhaber Michael Kallrath im Rohbau an der Heukenstraße.

für Giesenkirchen, Frau Laabs, ist eine gelernte Fachkraft mit langjähriger Erfahrung in der Herrenmode."

BE: "Sie sprachen die Service-Stärke an. Was heißt das den konkret?"

Kallrath: "Wir gehen sehr stark auf individuelle Kundenwünsche ein. Dafür haben wir eine eigene

Änderungsschneiderei. Außerdem bieten wir einen kostenlosen Lieferservice an sowie Sonderberatungen zu vereinbarten Zeiten nach Geschäftsschluss. Uns ist wichtig, dass unsere Kunden sich rundum zufrieden fühlen."

BE: "Sie haben noch nicht eröffnet, sind aber schon Mitglied im Gewerbekreis. Wieviel Elan können wir denn noch von Ihnen erwarten?"

Kallrath (lacht): "Das ist nun mal meine Art, mich voll und ganz in die Arbeit zu stürzen. Außerdem denke ich, dass die Arbeit des Gewerbekreises wichtig für den Standort Giesenkirchen ist und letztendlich unsere Kunden davon profitieren."

BE: "Das heißt, Sie werden sich in Zukunft auch an den Gewerbekreis-Aktionen beteiligen?"

Kallrath: "Selbstverständlich. Bereits beim Herbstmarkt am 7. September sind wir mit einem Stand vor 'Mode Gromes'

vertreten. Und auch an der Modenschau werden wir uns beteiligen. Frei nach dem Motto 'Hier modelt der Chef noch selber' werde ich mit einem Team **strellson** die aktuelle Herbst-/Winter-Kollektion auf dem Laufsteg präsentieren."

BE: "Wir danken für das Gespräch und wünschen Ihnen und Ihrem Team alles Gute und einen guten Start."

CLASSIX
Herrenmode
by Michael Kallrath

Rheydt
Hauptstraße 11
Giesenkirchen
Heukenstraße 2-8
Telefon 02166-62 38 69

Abb. 27 An das Spalten-Layout angepasste Anzeige (Quelle: Brunnen-Echo, September 03)

5.5.6 Zusammenarbeit mit Agenturen

Natürlich haben Sie die Möglichkeit, für Ihre Pressearbeit eine PR-Agentur zu beauftragen. Das sind Medienprofis, die häufig neben einem Studium auch über eine fundierte journalistische Ausbildung verfügen und Sie bei der Zusammenarbeit mit den Medien mit hoher Wahrscheinlichkeit erfolgreich begleiten werden. Aber wenn Sie nicht gerade völlig in einem kaum zu bewältigenden Berg von Arbeit stecken, sollten Sie es doch wenigstens zunächst mal selbst versuchen. Das hat nichts da-

Zunächst sollten Sie versuchen, Ihre Pressearbeit selbst zu machen

mit zu tun, dass Sie damit Kosten einsparen, auch wenn das für einen Guerillero kein unwichtiger Faktor ist. Eher geht es darum, eigene Ressourcen adäquat zu nutzen, auch, um dadurch die eigene Schnelligkeit und Flexibiltät zu erhalten.

Eigene Ressourcen adäquat nutzen

ABER VIELLEICHT NUTZEN SIE EINEN MITTELWEG, DER DARIN BESTEHEN KÖNNTE, GRUNDLEGENDE VORARBEITEN, ABER AUCH DIE KONZEPTENTWICKLUNG EINER AGENTUR ZU ÜBERTRAGEN UND DAS UMSETZEN SELBST ZU ÜBERNEHMEN.

Ähnliches gilt für das Beauftragen einer Guerilla-Agentur. Insbesondere dann, wenn Ihnen beim besten Willen keine zündende Idee kommen will. Auch hier sollten Sie nur so viel wie nötig von externen Dienstleistern übernehmen lassen.

Nur so viel wie nötig an externe Dienstleister übertragen

Checkliste für die Zusammenarbeit mit Agenturen	**PRAXIS**

- Lassen Sie sich die bisherigen Guerilla-Kampagnen der Agentur vorstellen, und das nicht nur in bunten Bildern, sondern auch mit Hintergrundinformationen darüber, wie man auf diese Aktionen gekommen ist.
- Fragen Sie nach den gesetzten Zielen der durchgeführten Kampagne und danach, ob sie erreicht wurden und wie man das kontrolliert hat.
- Fragen Sie nach der üblichen Vorgehensweise der Agentur und prüfen Sie, ob das mit Ihren Arbeitsabläufen vereinbar ist.
- Fragen Sie nach Empfehlungsschreiben zufriedener Kunden. Ihr eigenes Guerilla-Handwerkszeug sollten die Agenturen schon beherrschen.
- Rufen Sie ruhig mal bei diesen Kunden an und erkundigen Sie sich nach der Zufriedenheit.
- Fragen Sie nach Schwerpunkten der Agentur (Sie wissen schon, es geht um die Begriffe aus Kap. 3.5).
- Fragen Sie, ob die Agentur alleine oder mit Netzwerkpartnern arbeitet. Wenn es nicht gerade Spezialaufgaben wie Programmierung oder Druck sind, sollte eine Agentur eine Kampagne vollständig allein konzipieren und umsetzen können.

Andere Kunden der Agentur um ihre Meinung bitten

- Lassen Sie sich ein Angebot erstellen und prüfen Sie sorgfältig, welche Leistungen zu welchem Honorar angeboten werden.
- Holen Sie dementsprechend Vergleichsangebote ein.
- Fangen Sie immer mit kleinen Aktionen an. Wenn Sie von der Agentur endgültig überzeugt sind, können Sie immer noch Gas geben.
- Die Chemie muss stimmen. Sie arbeiten unter Umständen lange und oft zusammen, dann muss es auch im zwischenmenschlichen Bereich funktioren, das kann man nicht einfach ausschalten.

Fördergelder
- Fragen Sie nach Fördergeldern. Ob auf Bundes- oder Landesebene, es gibt fast immer eine Möglichkeit, Marketingberatungen (und dazu gehört auch die Umsetzung von Aktionen) finanziell fördern zu lassen.

5.6 Wie Sie Ihre Kunden einbinden

5.6.1 Nutzen Sie die Sympathie Ihrer Kunden

Sie haben jetzt schon in mehreren Beispielen lesen können, welches große Potenzial in Ihrem eigenen Kundenbestand liegen kann. Da vielleicht nicht alle von Ihnen über einen großen Mitarbeiterstamm verfügen, der das Wissen über Ihr besonders gutes Leistungsangebot als Multiplikator in die Welt trägt, und da Ihr Marketingbudget nicht ausschließlich für Promotionteams draufgehen soll, wäre es schon fast fahrlässig, das besonders effektive und glaubwürdige Potenzial des Guerilla Marketings, das in Ihren Kunden schlummert, brachliegen zu lassen. Und warum sollten Sie auch? Schließlich haben Sie es geschafft, Ihre Kunden mit einem guten Leistungsangebot zu überzeugen. Weshalb sollten Sie jetzt nicht darauf zurückgreifen, um weitere potenzielle Kunden überzeugen zu können? Es ist nichts Verwerfliches daran, Kunden in seine Marke-
Kunden in Marketing- ting-Aktivitäten einzubinden. Schließlich handeln Sie ja nicht
Aktivitäten einbinden gegen ihren Willen, das wäre ein bisschen zu viel des Guerilla-Gedankens.

IHRE KUNDEN WISSEN GANZ GENAU, AUF WAS SIE SICH EIN-LASSEN, UND SIE WISSEN AUCH, DASS SIE NUR SO LANGE

158

*VON IHREM GUTEN LEISTUNGSANGEBOT PROFITIEREN KÖN-
NEN, WIE ES SIE UND IHR UNTERNEHMEN GIBT.*

In diesem Zusammenhang konnte ich bei einem meiner Geschäftspartner ein interessantes Verhalten beobachten: Sein
Hobby besteht darin, mit einem getunten Auto bayerischer
Machart den Nürburgring zu befahren. Keine Frage, dass das
Fahrzeug bei den dort gefahrenen Geschwindigkeiten sicher-
heitstechnisch im allerbesten Zustand sein muss. Dafür sorgt
seit Jahren eine kleine Werkstatt und ihr technisch hochbe-
gabter Inhaber. Und dieser Inhaber scheint auch in Sachen
„Kunden-Einbindung" nicht unbegabt zu sein, da er es ver-
standen hat, meinen Geschäftspartner zum eifrigen Empfehler
seines Werkstattbetriebes zu machen. *„Warum machst du
das?"*, habe ich ihn mal neugierig gefragt. Und seine Antwort
kam prompt: *„Weil er der einzige ist, den ich an meinem Auto
rumschrauben lasse. Und das soll er auch noch möglichst lange tun können."*

Beispiel für Kunden-Einbindung

Glauben Sie mir, Ihre Kunden denken genauso. Denn wenn
sie nicht von Ihnen überzeugt wären, würden sie bestimmt
nicht länger Ihr Produkt- oder Leistungsangebot in Anspruch
nehmen. Also kann es nur im Sinne Ihrer Kunden sein, sich
gerne in Ihre Guerilla-Marketing-Aktivitäten einbinden zu lassen. Dabei kann eine Beteiligung Ihrer Kunden an Ihren Guerilla-Marketing-Aktivitäten nicht nur Spaß machen, sondern Sie
bieten ihnen dafür womöglich sogar noch einen Benefit. Das
kann beispielsweise ein geldwerter Vorteil beim nächsten Einkauf oder Auftrag sein oder eine ganz andere Form der Belohnung, die speziell auf Ihre Kunden zugeschnitten ist.

*Bieten Sie Ihren Kunden ein Benefit für Ihre Mit-
wirkung an Marketing-Aktivitäten*

Aber warum bis zum nächsten Einkauf warten, Sie können
Ihren Kunden auch direkt beim Kauf ein Geschäft vorschlagen.
Bieten Sie einen Preisnachlass oder eine besondere Zusatz-
leistung (Pflege- und Wartungsarbeiten, verlängerte Garantie)
an, wenn Ihr Kunde damit einverstanden ist, direkt nach dem
Kauf Ihrer Produkte oder nach Abschluss Ihrer Arbeitsleistung
in Ihre Guerilla-Marketing-Aktivitäten mit eingebunden zu
werden. Das geschieht natürlich unter dem Vorbehalt, dass er
mit Ihrer Leistung auch zufrieden ist, denn nach wie vor ist das
die grundlegende Bedingung, um empfohlen zu werden. Nur
wollen Sie mit Ihrem „Kunden-Sponsoring" dieses Empfehlen
halt ein bisschen forcieren.

BEISPIEL: LEISTE GUTES UND WEISE DARAUF HIN

Die Firma MBI Buch arbeitet im Bereich Innenausbau und Bodenbelagarbeiten. Ihre Zielgruppe besteht hauptsächlich aus gewerblichen Kunden mit starkem Publikumsverkehr, die auf belastbare Böden angewiesen sind. MBI erhielt von einem Weiterbildungsunternehmen den Auftrag, den gesamten Sanitärbereich der Schulungsräume mit einem neuen Boden zu versehen. Beim ersten Vorgespräch erfuhr der Inhaber der Firma, Herr Buch, dass sein Kunde Seminare für Unternehmen aus dem regionalen Einzugsgebiet anbietet. Darunter waren u.a. viele Möbelhändler und Autohäuser, also potenzielle Kunden für MBI. Herr Buch unterbreitete dem Weiterbildungsunternehmen daraufhin ein Angebot für die auszuführenden Bodenbelagarbeiten und verband es mit einer zusätzlichen Offerte: Wenn das Weiterbildungsunternehmen damit einverstanden ist, dass MBI nach Abschluss der Arbeiten in den Toiletten ein Werbeschild aufhängt, würde MBI als Gegenleistung den Boden alle sechs Monate professionell reinigen und kleinere Schönheitsreparaturen durchführen.

Das Unternehmen war einverstanden, und so montierte Herr Buch nach Fertigstellung der Bodenarbeiten seine Schilder. Auf den Schildern waren über der Adresse Plexiglas-Halter angebracht, in denen sich Visitenkarten befanden. Sollten mal vorübergehend keine Visitenkarten mehr da sein, konnte der Interessent immer noch durch das Plexiglas von der aufgedruckten Adresse die Kontaktdaten notieren.

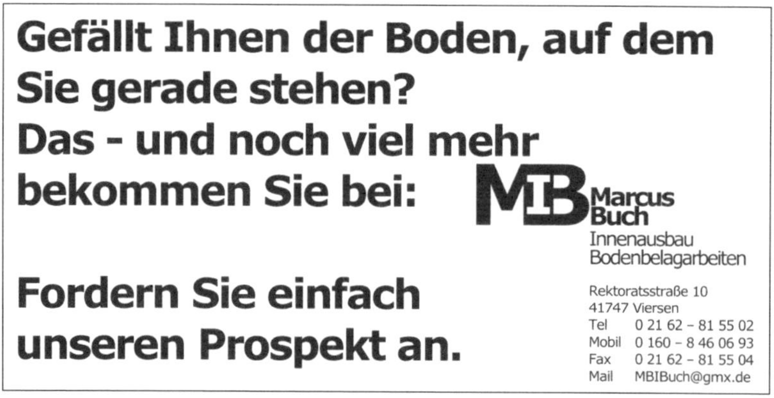

Gefällt Ihnen der Boden, auf dem Sie gerade stehen?
Das - und noch viel mehr
bekommen Sie bei: **MB** Marcus Buch

Innenausbau
Bodenbelagarbeiten

Fordern Sie einfach
unseren Prospekt an.

Rektoratsstraße 10
41747 Viersen
Tel   0 21 62 – 81 55 02
Mobil 0 160 – 8 46 06 93
Fax   0 21 62 – 81 55 04
Mail   MBIBuch@gmx.de

Abb. 28 Schilder am Point-of-Work (Quelle: MAKS)

Durch dieses Angebot konnte sich nicht nur das Weiterbildungsunternehmen auf einen stets einwandfreien Zustand des Bodens im sensiblen Seminarbereich freuen. Auch die Firma MBI fasste damit mehrere Vorteile für sich zusammen: Man erreichte in direkter Ansprache seine Zielgruppe, die sich an Ort und Stelle von der Qualität der Arbeit überzeugen konnte und darüber hinaus durch das Weiterbildungsunternehmen weitere positive Auskünfte beziehungsweise Empfehlungen bekam. Und damit dieser positive Effekt möglichst lange anhält, wurde das Empfehlungsobjekt, der Boden, regelmäßig „erneuert".

Sorgen Sie kontinuierlich für Empfehlungsanreize

Bieten Sie Ihren Kunden etwas und bringen Sie sie so dazu, Sie weiterzuempfehlen. So fährt beispielsweise ein Unternehmer mit seinen „Aktiv-Kunden" ins Musical, ein anderer lädt zum Ritteressen ins nahe gelegene Schloss. Auch wenn solche Belohnungsprogramme durchaus eingesetzt werden sollten, um auf diesem Wege auch mal „Danke" zu sagen, ist es stellenweise ein ganz anderer Antrieb, der Ihre Kunden zu Hilfs-Guerilleros macht: Loyalität.

Den Kunden etwas bieten

Loyalität baut auf dem Vertrauen auf, das durch eine glaubwürdige und partnerschaftlich geprägte Kundenstrategie entstanden ist.

Loyalität

> *Wenn Ihre Kunden feststellen, dass Sie es mit der propagierten Kundenorientierung ernst meinen, sind sie eher geneigt, Ihnen dafür etwas zurückzugeben.*

Insbesondere bei kleineren Unternehmen verstärkt sich dieses Verhalten, da hier in der Regel persönliche Beziehungen zu den Kunden aufgebaut werden.

Aber was bedeutet diese Kunden-Loyalität für Sie im Zusammenhang mit Guerilla-Marketing-Kampagnen? Nun, Sie können auf eine Art von Unterstützung setzen, die nur denjenigen Unternehmen zuteil wird, die ihren Kunden stets mit einem Höchstmaß an Dienstleistungsbereitschaft begegnen. Loyalität bedeutet dabei nicht nur eine geringere Preissensibilität der Kunden, sondern auch die Bereitschaft, sich für Sie zu verwenden.

5.6.2 Empfehlungsmarketing

E-MAIL-VERTEILER

Auch wenn es nur Minuten sind: Ihre Kunden opfern Ihre Freizeit für Sie. Es fängt mit Ihrer Internetseite an. Denn natürlich gibt es dort bei Ihnen eine Empfehlungsfunktion, mit der Ihre Besucher anderen den Besuch Ihres Webauftritts empfehlen.

Ungleich größer ist der Aufwand, wenn Sie Ihren Kunden eine E-Mail mit persönlicher Anrede schicken (natürlich nur, wenn Ihre Kunden der Aufnahme in Ihren Mail-Verteiler zugestimmt haben, den Sie extra für derartige Guerilla-Aktionen angelegt haben), in der Sie auf eine Aktion hinweisen und Ihre Kunden bitten, diese Mail mit einer persönlichen Empfehlung mit ihrem eigenen E-Mail-Verteiler weiter zu verbreiten.

MACHEN SIE IHRE KUNDEN ZU MISSIONAREN

Abb. 29   Zweiteiliger Empfehlungsgutschein (Quelle: Hairfriend)

Ein zufriedener Kunde ist stolz auf seinen Kauf und empfiehlt ihn gern weiter

Ein zufriedener Kunde freut sich über seinen Kauf und ist stolz auf seine gute Wahl. So wird er auch seine Bekannten oder Geschäftspartner an dem besonderen Nutzen Ihres Produkts teilhaben lassen, um sich selbst als jemanden darzustellen, der weiß, wo man gute Geschäftsabschlüsse tätigen kann.

Gegen diese positive Mund-zu-Mund-Propaganda haben Sie natürlich wenig einzuwenden. Und weil Sie das Potenzial eines solchen Empfehlungsmarketings erkannt haben und nichts dem Zufall überlassen wollen, unterstützen Sie es durch Empfehlungsprogramme, die Belohnungen für das Vermitteln neuer Kunden versprechen (vgl. z.B. Abb. 29).

Positive Mund-zu-Mund-Propaganda durch Empfehlungsprogramme unterstützen

EIN KLEINER GUTSCHEIN KANN GROSSE WIRKUNG ENTFALTEN

Geben Sie Ihren Kunden nach einem erfolgreichen Geschäftsabschluss einen Gutschein, den sie für eine Weiterempfehlung im Bekanntenkreis einsetzen können. Natürlich nur, wenn sie auch wirklich zufrieden waren. Und weil sie nämlich genau das sind und Sie auch davon überzeugen möchten, werden sie sich bemühen, diesen Gutschein schnell weiterzuleiten. Damit die Bemühungen Ihrer Kunden belohnt werden, bleibt eine Hälfte des Gutscheins bei ihnen, einzulösen beim nächsten Kauf oder Besuch – vorausgesetzt, die Empfehlung war erfolgreich. Das kann beispielsweise so aussehen:

Abb. 30 Bonus-Gutschein (Quelle: Haartrends)

Für Sie hat diese Form des Empfehlens den Vorteil, dass Sie erkennen, ob eine Empfehlung erfolgreich war, und auch, wer der Empfehlungsgeber gewesen ist. So behalten Sie nicht nur einen Überblick über die Tauglichkeit des Empfehlungsprogramms, sondern auch über die aktiven Mitstreiter unter Ihren Kunden.

EIN GÜNSTIGER ZEITPUNKT FÜR DIE ÜBERGABE DES GUTSCHEINS IST KURZ NACH DEM KAUF.

Kundenmailings

Setzen Sie einen netten Brief auf, in dem Sie sich noch einmal für den Kauf bedanken und sich anschließend nach den ersten Eindrücken und Erfahrungen mit dem neuen Produkt erkundigen. Dafür bereiten Sie auf der Rückseite eine Faxantwort mit einigen wenigen Fragen und den dazu gehörenden Antwortmöglichkeiten vor. Alternativ können diese Fragen auch online auf Ihrer Internetseite beantwortet werden. Und dann schlagen Sie die Brücke zum beiliegenden Gutschein, indem Sie Ihre Kunden bitten, im Falle uneingeschränkter Zufriedenheit anderen davon zu erzählen und den Gutschein weiterzugeben.

Betonen Sie Ihr Interesse an der Zufriedenheit Ihres Kunden

Sie initiieren auf diese Weise nicht nur ein zusätzliches Empfehlungsprogramm, sondern betonen durch Ihre gezielten Fragen nach den ersten Produkterfahrungen Ihr ausgeprägtes Interesse an einer möglichst optimalen Kundenzufriedenheit, was wiederum einen zusätzlichen Motivationsschub zur Weiterempfehlung bringen kann.

ALLERDINGS SOLLTEN SIE AUCH BEI DIESEM SCHREIBEN DIE ÜBLICHEN VORAUSSETZUNGEN FÜR DAS VERFASSEN VON KUNDENMAILINGS BEACHTEN.

Es bringt Ihnen herzlich wenig, wenn durch einen „Formfehler" nicht nur die Intention des Anschreibens ins Gegenteil verkehrt wird, sondern der positive Eindruck, den Ihre Kunden bei der Inanspruchnahme Ihres Leistungsangebots von Ihnen gewonnen haben, nachträglich in eine unnötige Schieflage gebracht wird.

Tipps zum Verfassen von Kundenmailings finden Sie in der folgenden Übersicht.

Checkliste Kundenmailings　　PRAXIS

- Ist die Adresse vollständig und richtig geschrieben?
- Überprüfen Sie die Schreibweise des Namens und er-
  gänzen Sie ggf. den Titel.
- Verwenden Sie immer eine persönliche Anrede, nie-
  mals „Sehr geehrte Damen und Herren".
  Persönliche Anrede
- Setzen Sie als Datum den Aussendungstermin ein.
- Formulieren Sie eine interessante Betreffzeile, natür-
  lich ohne dass Sie „Betreff:" davor setzen.
- Formulieren Sie kurz und prägnant, verwenden Sie
  möglichst Ihren mündlichen Sprachstil, denn so hat Sie
  Ihr Kunde kennen gelernt und so hat er Sie, während er
  den Brief liest, auch vor Augen.
  Kurze, prägnante Formulierungen
- Verwenden Sie Absätze, um die Lesefreundlichkeit zu
  erhalten.
- Unterschreiben Sie immer selbst, möglichst mit Füller.
  Eine gedruckte Unterschrift strotzt vor Desinteresse.
  Persönliche Unterschrift
- Und umso persönlicher wirkt eine eigenhändig ge-
  schriebene Adresse auf dem Briefumschlag.
- Nutzen Sie die P.S.-Zeile für wichtige Informationen. Sie
  gehört zu den am meisten gelesenen Sätzen.
- Bieten Sie immer eine Response-Möglichkeit an (Fax-
  Antwort, Gutschein, Hotline-Nummer etc.), damit der
  Kunde weiß, wie er reagieren kann. So haben Sie zu-
  dem eine Möglichkeit, den Erfolg der Aussendung zu
  kontrollieren.
  Response-Möglichkeit
- Wenn es Ihr Budget zulässt, sollten Sie Briefmarken,
  möglichst Sondermarken, verwenden, auch wenn diverse Porto-Programme günstiger sind. Ihr Schreiben
  sieht dann nicht nach maschinell produzierter Massen-
  aussendung aus, sondern wirkt wie eine singuläre persönliche Mitteilung an den Adressaten.
  Sondermarken
- Kleben Sie aus dem gleichen Grund die Briefmarken etwas schief auf.
- Bringen Sie ruhig etwas Farbe ins Spiel, sofern es Ihr
  Corporate Design zulässt. Es muss ja nicht immer ein
  weißer Brief im weißen Umschlag stecken.

Geben Sie Ihren Kunden Geschenke für ihre Freunde mit

Beispiel: Gutschein als Geschenk für Freunde Ihrer Kunden

Jeder verschenkt gern etwas. Wenn Sie Ihren Kunden die Möglichkeit geben, Freunden ein Geschenk zu machen, nehmen sie das gern an. Auch wenn es sich gleichzeitig um eine Guerilla-Kampagne handelt. Planen Sie doch mal eine Aktion, bei der Sie Ihren Kundinnen nach ihrem nächsten Einkauf mehrere Briefumschläge mitgeben, die je einen Gutschein enthalten. Ein Gutschein ist z.B. fünf Euro wert und nur für Neukunden gültig. Auf die Briefumschläge schreiben Sie *„Einladung"* sowie folgenden Text: *„Ihre Freundin war schon bei uns einkaufen. Wann dürfen wir Sie begrüßen?"* Dann bitten Sie Ihre Kundinnen, diese Briefumschläge bei Personen ihrer Wahl einzuwerfen. Und bestimmt wird das eifrig getan. Jede Botin wird sich insgeheim über das Rätselraten ihrer Freundinnen freuen, wer denn der Absender gewesen sein mag, und über das nächste Gespräch, wenn sie das Rätsel auflösen dürfen. Und natürlich sind Sie in diesem Gespräch das Hauptthema!

Bauen Sie eine Fangemeinde auf

Eine gastronomische Einrichtung mit großem Veranstaltungssaal hat vor drei Jahren eröffnet. Seit der Eröffnung wurden dort regelmäßig Veranstaltungen angeboten: Partys zu Halloween, zu Karneval, zu Silvester oder ein Tanz in den Mai.

Warum das etwas Besonderes ist? Das werde ich Ihnen sagen: Von Anfang an hat man darauf verzichtet, mit Anzeigen auf die Veranstaltungen aufmerksam zu machen. Stattdessen lud man zunächst im Freundes- und Bekanntenkreis ein und bat alle Gäste, möglichst zehn weitere Gäste mitzubringen. Und weil man den Gastgeber mochte und seine berufliche Existenz unterstützen wollte, machten alle mit. bei der nächsten Veranstaltung, die man bereits in einem E-Mail-Verteiler ankündigen konnte, wurde es im Saal schon erheblich voller. Das Prinzip „Plus 10" blieb weiter bestehen. Die anfangs überschaubare Gästeschar hat sich mittlerweile zu einer ansehnlichen Fangemeinde entwickelt. Die Veranstaltungstermine sind weit vorher bekannt und fest eingetragen und selbst die Speisegastronomie hat von der Mundpropaganda profitiert.

Je ungewöhnlicher Ihre Aktion ist, umso grösser ist die Wahrscheinlichkeit, dass Ihre Kunden anderen davon erzählen.

Mit verhältnismäßig bescheidenen Mitteln setzen Sie einen „Virus" in die Welt, der sich rasch vervielfältigen kann und so die Effizienz Ihrer Maßnahme in ungeahntem Maße steigert.

5.6.3 Nicht nur Kunden binden, sondern auch einbinden: Mit einem eigenen Informationsmedium

Wenn Sie ein Kunden-Journal herausgeben, bestimmen Sie zukünftig, welche Informationen Ihre Kunden von Ihnen zu lesen bekommen.

Kunden-Journal

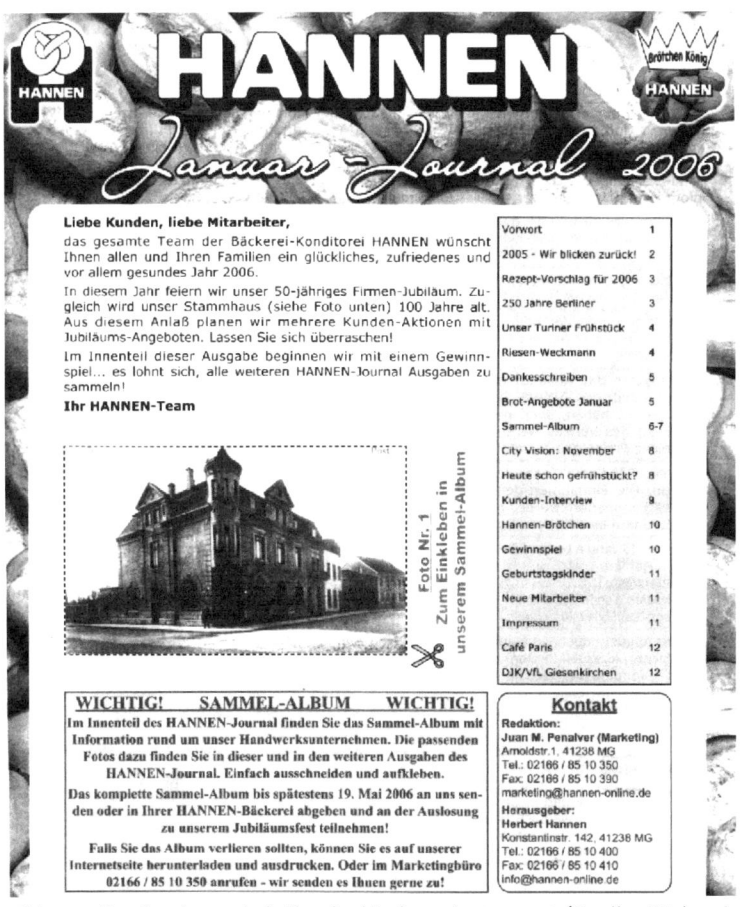

Abb. 31   Kunden-Journal als Kundenbindungsinstrument (Quelle: Bäckerei Hannen)

167

Mit einem Kunden-Jour-
nal lassen sich mehrere
Facetten des Kunden-
Einbindens abdecken

Ob es um Neueinstellungen geht, um Produktinformationen, Ihr soziales Engagement oder um die aktuelle Rabatt-Aktion – in Ihrem Kunden-Journal halten Sie Ihre Kunden stets auf dem Laufenden. Mit einem eigenen Presseorgan gehen Sie sogar einen Schritt in Richtung Unabhängigkeit von der Berichterstattung in den lokalen Medien und können dabei auch noch mehrere Fassetten des „Kunden-Einbindens" gleichzeitig abdecken.

Dabei ist es völlig unerheblich, ob Sie das Kunden-Journal in gedruckter Form verteilen oder aber als E-Mail-Newsletter verschicken – wichtig ist nur, dass Sie sich dabei an den Standards und Gewohnheiten Ihrer Kunden orientieren.

LASSEN SIE IHRE KUNDEN ZU WORT KOMMEN

Ähnlich wie bei der Internetvariante (vgl. Kap. 5.4.4) können Sie Ihre Kunden in Ihrem Kunden-Journal als Testimonials einsetzen. Der Unterschied besteht darin, dass Sie in einem Journal wesentlich mehr Raum haben, um Ihren Kunden vorstellen zu können, und auch mehr Platz, um ihn erzählen zu lassen, was er an Ihnen und Ihrem Leistungsangebot so schätzt.

• • • • • • **Ihre 5-Sterne-Bäckerei** • • • • • •

Kunden-Interview
Wir sprachen mit Frau Silvia Skotnik

Bäckerei-Fachverkäuferin Henni Kunde und Stammkundin Silvia Skotnik im Café Paris.

Frau Skotnik, Sie sind Stammkundin in unserem Café Paris in Giesenkirchen. Was mögen Sie hier besonders?

Vor allem das tolle Personal. Sie sind alle sehr freundlich und nehmen sich auch sehr viel Zeit für die Kunden. Auch wenn man auf der Straße geht winken die Verkäuferinnen aus dem Laden. Meine Kinder freuen sich immer, wenn wir hier sind. Dann bekommen sie auch ein Brötchen mit einem Lolly. Ich sage, wenn es meinen Kindern hier gefällt, dann gefällt es mir auch.

Gibt es Produkte, die Sie besonders mögen?

Das Buttermilchbrot und die Mehrkörnbrötchen mag ich sehr gerne. Für meine Kinder kaufe ich die leckeren Rosinenstütchen. Insgesamt bin ich mit der Qualität und der Auswahl sehr zufrieden.

Haben Sie Verbesserungsvorschläge?

Nein. Die Qualität ist wie gesagt sehr gut. Der Kundenservice ebenfalls. Besonders gefällt mir die Personalbesetzung. Vor allem samstags, wenn es im Café Paris besonders viel zu tun gibt, wird man sehr schnell bedient, so dass man nicht lange warten muss.

Gibt es ein Backprodukt, dass Sie gerne einmal ausprobieren würden und wenn ja, welches?

Abb. 32   Kunden-Interview als Testimonial (Quelle: Bäckerei Hannen)

Hierbei liegt die Betonung aber wirklich auf „erzählen lassen". Fangen Sie nicht an, Ihren Kunden irgendwelche Werbeaussagen in den Mund zu legen – damit hätten Sie die Glaubwürdigkeit der „echten" Aussagen Ihrer Kunden schon so gut wie ruiniert.

Selbst professionellen Textern gelingt es nicht immer, Interview-Aussagen so zu formulieren, dass der Leser die Manipulation nicht bemerkt. Bleiben Sie daher authentisch.

Kundenaussagen in Ihrem Journal sollten authentisch sein

> AUFRICHTIGE KOMPLIMENTE IHRER KUNDEN SIND NICHT NUR EINE EHRLICHE EMPFEHLUNG FÜR ANDERE (POTENZIELLE) KUNDEN, SIE SIND HÄUFIG SO ERFRISCHEND ALLTAGSNAH, DASS SIE KEIN TEXTER KOPIEREN KÖNNTE.

BIETEN SIE IHREN KUNDEN EIN PRÄSENTATIONSFORUM

Jeder Verein, ganz gleich ob sportlich oder kulturell ausgerichtet, hat es heutzutage schwer, die Aufmerksamkeit der für die Vereinskasse so wichtigen Besucher zu erreichen. Umso dankbarer wird man Ihnen sein, wenn Sie diesen Vereinen ein Forum bieten, um sich einer größeren Öffentlichkeit vorzustellen; ein Beispiel hierfür finden Sie auf der folgenden Seite (Abb. 33).

> MAN WIRD IHNEN UND IHREM LEISTUNGSANGEBOT NICHT NUR AUFGESCHLOSSENER GEGENÜBERSTEHEN, SONDERN AUCH ANDERE AUF DIESE AKTION HINWEISEN.

Auch diese Möglichkeit steht Ihnen mit einem eigenen Journal zur Verfügung, lässt sich aber auch ohne Adaptionsschwierigkeiten auf Ihren Internetauftritt übertragen.

Dennoch sehe ich unter dem lokalen Aspekt bei der gedruckten Variante eine leichtere Zugangsmöglichkeit. Sie können nämlich Ihr Journal in (Ihren) Geschäften auslegen oder an die Haushalte verteilen lassen. Auch wenn es paradox klingt, aber auf diesen verschiedenen Wegen ist Ihr Journal schneller bei mehr Adressaten, als es das Internet zu leisten vermag. Noch ist das so. Aber trotzdem sollten Sie das Journal auch auf Ihrer Internetseite zum Download bereitstellen, für den Fall, dass die Hefte irgendwann vergriffen sein sollten.

Auch in Giesenkirchen...

DJK/VfL Giesenkirchen

Neues Jahr, neues Glück: Die guten Vorsätze

„Der gute Vorsatz ist ein Gaul, der oft gesattelt, aber selten geritten wird", sagt ein mexikanisches Sprichwort. Leider stimmt es mit der Realität nur zu oft überein, denn die Wenigsten halten ihre in der Silvesternacht gefassten Ziele und setzen sie konstant um.

Der **DJK/VfL Giesenkirchen** kann dabei helfen, die guten Vorsätze in die Tat umzusetzen. Der größte Sportverein in Giesenkirchen bietet nämlich außer Fußball auch zahlreiche andere sportliche Aktivitäten, zum Beispiel Tischtennis, Volleyball, Familienturnen, Koronargruppen und Reha-Sport für Behinderte. Stärkste Abteilung ist der Fußball, der mit 14 Jugend-Mannschaften und 7 Senioren-Mannschaften vertreten ist. Unter dem Motto "100 Jahre am Ball" feierte der DJK/VfL Giesenkirchen übrigens vergangenes Jahr sein 100-jähriges Bestehen. Aus diesem Anlass kam es auch zu einem Freundschaftsspiel mit Borussia Mönchengladbach.

"Bei den verschiedensten Sportarten, die wir anbieten, findet jeder eine Möglichkeit sich sportlich zu betätigen", erklärt **Siggi Moossen**, Abteilungsleiter beim DJK/VfL Giesenkirchen. Der Sport in der Gruppe und ein festes Angebot an Trainingszeiten unterstützen gerade Anfänger und sportliche „Wiedereinsteiger" bei der Umsetzung ihrer Vorsätze für das neue Jahr.

Weitere Informationen finden Interessierte im Internet unter **www.djk-vfl-giesenkirchen.de** oder sie wenden sich direkt an Siggi Moossen unter Telefon 02166 / 81050.

Die 1. Fußball-Mannschaft feiert den Gewinn des Hallen-Masters 2005 in Dülken. Auch dieses Jahr werden sie im Januar dabei sein.

Abb. 33 Forum für Vereine (Quelle: Bäckerei Hannen)

IHRE KUNDEN SIND IHRE WERBESTARS

Beispiel: Eine Kundin als Model im Flyer

Für einen Flyer, der über ein neues Produkt der betrieblichen Altersvorsorge informieren sollte, suchte eine Versicherungsagentur ein junges, weibliches Model. Als man sich bei einer Model-Agentur über die Kosten informierte, hörte man mit der Suche auf – die Honorare konnten mit dem zur Verfügung stehenden Budget nicht bezahlt werden. Dennoch sollte dieser Flyer unbedingt hergestellt werden, die Frage blieb nur, wie das mit dem vorhandenen Budget realisiert werden könnte.

Da kam einer Innendienst-Mitarbeiterin die Idee, dass sie die junge Kundin, die gleich einen Termin bei ihr hatte, ja mal fragen könnte. Eine Kundin? Die Begeisterung der Kollegen hielt sich zunächst in Grenzen. Weil das aber vorerst die einzige Idee war, sollte sie mal vorfühlen. Und siehe da! Die junge Frau war zwar überrascht, aber einverstanden. Der Fotograf wurde informiert, dass das Fotoshooting stattfinden könnte, und auch der Texter sollte schon mal den Bleistift spitzen.

Das Resultat war grandios. Die Mitarbeiter der Versicherungsagentur waren nämlich von der Aktion und dem Ergebnis selbst
derart begeistert, dass sie bei ihren Kundengesprächen jedem
davon erzählten. Und natürlich hat auch das junge Nach-
wuchsmodel in ihrem Familien- und Bekanntenkreis längst
jedem von ihrem neuen Nebenjob berichtet.

Auf diese Weise kam ein Flyer zu der seltenen Ehre, einmal
nicht ignoriert, sondern von vielen sogar sehnsüchtig erwartet
zu werden. Aufgrund der besonderen Beziehung zum Flyer
und seinem neuen Werbestar, die sich in der Zwischenzeit entwickelt hatte, fiel es der Versicherungsagentur nicht schwer,
für ihr neues Produkt einige lukrative Gesprächstermine zu
vereinbaren.

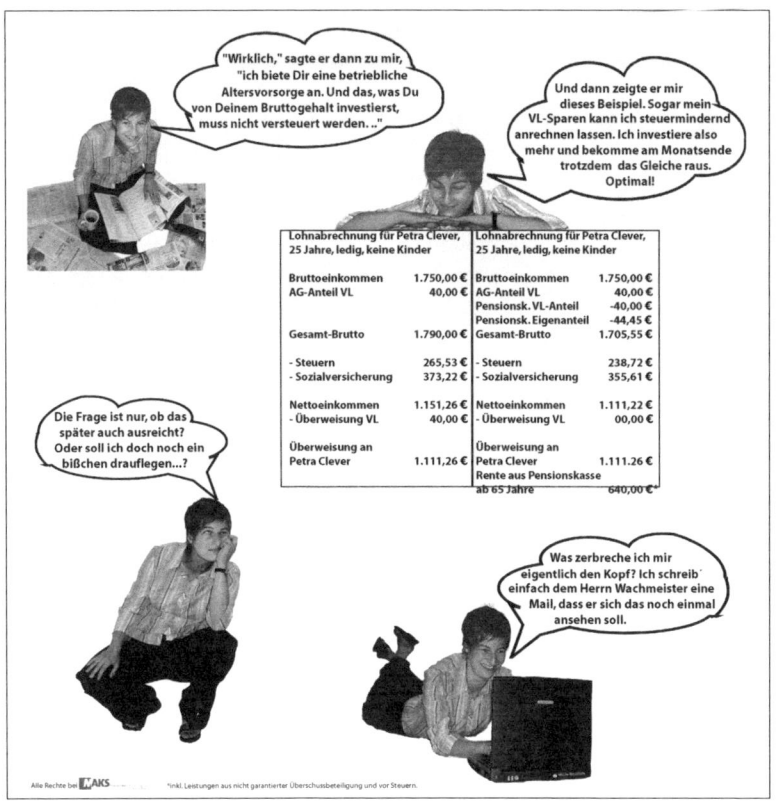

Abb. 34   Flyer Innenteil (Quelle: MAKS)

Bis heute ist die Agentur bei diesem eher zufällig entwickelten Konzept geblieben und setzt für ihre Informationsbroschüren nach wie vor Kunden ein. Und auch der Effekt hat sich bis heute erhalten, nämlich dass die eingesetzten Kunden-Models das jeweilige Thema im Freundeskreis schon so gut angekündigt haben, dass der Agentur eine Gesprächsterminierung immer noch leicht fällt. Und es gibt sogar schon Neukunden, die einem Gesprächstermin aus lauter Neugierde, wer sich denn hinter dieser originellen Aktion verbirgt, zugestimmt haben.

5.7 Vorsicht Falle! Welche negativen Folgen können auftreten?

In der Tat, so positiv sich eigentlich das Thema Guerilla Marketing präsentiert, genauso negativ können die Folgen sein, wenn ein paar Grundprinzipien einfach nicht beachtet werden oder die Planung so unvollständig ist, dass die eigentliche Aktion später aus dem Ruder zu laufen droht.

Bei Missachtung einiger Grundprinzipien drohen negative Folgen

Guerilla-Aktionen können in solchen Fällen die eigenen Kunden nicht nur irritieren, sondern auch verärgern. Bekanntestes Beispiel ist wohl die Benetton-Werbung, auf die die Kunden schließlich mit Kaufverweigerung antworteten.

Auch der Versuch, eine bereits erfolgreich durchgeführte Aktion zu wiederholen, wird nicht nur von den Medien, sondern auch von der eigenen Zielgruppe besonders kritisch beurteilt. Die Aktion kann sogar zur Ablehnung führen, wenn durch die Wiederholung Langeweile erzeugt wird.

5.7.1 Beispiele für misslungene Guerilla-Aktionen

Auch im Guerilla Marketing gibt es Kleingedrucktes

Ein im Handel zurzeit beliebtes Stilmittel besteht darin, die Kunden mit dem Begriff „Räumungsverkauf" in die Irre zu führen. Wenn der Kunde diesen Begriff groß auf einer Schaufensterscheibe angebracht sieht, assoziert er damit automatisch die Gelegenheit, einen günstigen Kauf zu tätigen. Bei näherem Hinsehen stellt sich jedoch heraus, dass die vom Kunden erwartete Schließung des Geschäfts nicht stattfindet und in Wirklichkeit nur eine begriffliche Spitzfindigkeit des Ladenbesitzers ist. Denn der Kunde übersah das Kleingedruckte. Unter den großen Lettern fand sich der Zusatz „wegen Umbau".

Beispiel: Vermeintlicher Räumungsverkauf

Und im Erfinden von Zusätzen ist der Handel mittlerweile richtig gut. Da gibt es den Räumungsverkauf „der Winterware", „wegen neuer Heizungsanlage" und „wegen neuer Lichtinstallation". Ein kurzfristiger Erfolg auf Kosten langfristiger Kundenverluste.

Im Guerilla Marketing ist der Teufel grün

Sie erinnern sich vielleicht, über dieses Beispiel haben wir schon mal gesprochen: „El Diabolo" alias Didi Senft. Als ich ihn das erste Mal gesehen habe, war mir der kauzige Kerl richtig sympathisch. Bei jeder der nachfolgenden Tour-de-France-Rennen ertappte ich mich bisweilen dabei, dass ich mehr auf den Zuschauerbereich achtete als auf Jan Ullrich. Senft stieg schnell zum allseits beliebten Tour-Maskottchen auf. Bis zum Juli des Jahres 2005. Plötzlich war „El Diabolo" nicht mehr klassisch schwarz-orange gekleidet, sondern grasgrün. Und damit nicht genug: Bei näherem Betrachten zeigten sich auch die Urheber dieser Metamorphose in Form von zwei Logos: Bündnis '90 / Die Grünen.

Ich kann mir nicht vorstellen, dass diese Aktion den Grünen besonders viele Sympathie-Punkte eingebracht hat. Nicht nur, dass dafür ein beliebtes Markenzeichen verfremdet wurde, sondern auch das direkte Eindringen in einen rein sportlichen Sektor, wo die Politik, außer als applaudierende Minister auf der Ehrentribüne, absolut nichts zu suchen hat. Wer weiß, was die damit für einen Stein ins Rollen gebracht haben. Vielleicht ist der nächste Flitzer bei der Fußball-WM ja von der FDP gesponsort …

Bestimmte Tabus sollten auch im Guerilla Marketing
Tabu bleiben

Das ist meines Erachtens die häufigste Ursache für negative Folgen von Guerilla-Marketing-Maßnahmen: der missbräuchliche Einsatz von Menschen und Tieren. Völlig geschmacklos war in diesem Fall die Kampagne für das Olivenöl einer italienischen Firma, die Obdachlose in deutschen Innenstädten ein Schild umhängte mit der Auschrift: *„Sie kennen das beste Olivenöl der Welt noch nicht? Aber ich!"*. Dann folgte die Internetadresse des Herstellers. Abgesehen davon, dass dies ein kräftiger Tritt gegen die Menschenwürde war, frage ich mich, wer auf solche merkwürdigen Ideen kommt. Vergleichbare Akti-

Die Grenzen des guten Geschmacks

onen mit Obdachlosen fanden übrigens weltweit in mehreren Städten statt. Stets degradiert zum Plakathalter mit thematisch völlig unpassenden Aussagen.

Für ähnlich verwerflich halte ich den Einsatz von Tieren in Pseudo-Guerilla-Maßnahmen. Meiner Ansicht nach ist es einfach geschmacklos, Werbeschilder auf Tieren anzubringen und die Tiere anschließend als mobile Werbeträger in Innenstädten wieder frei zu lassen. Egal, ob es sich dabei um schwarze Katzen für Versicherungsagenturen handelt oder um besprayte Hunde von Punks, die für irgendein Internetradio werben sollen.

DAS GILT NICHT FÜR KÜHE

Nein, liebe Kinder, keine Angst, ich will nicht, dass die Milka-Kuh verschwindet. Ich weiß ja genau, dass sie nicht lila gezüchtet wurde, sondern mit Farbe angemalt worden ist, bestimmt sogar mit Lebensmittelfarbe. Das geht ganz leicht wieder ab.

Außerdem gibt es da noch eine Aktion aus Österreich, wo ein Senner seine tägliche Speisekarte auf den Rücken seiner frei weidenden Kühe gemalt hat. Das finde ich nun doch wieder originell.

VORSICHT VOR ÖFFENTLICHEM EIGENTUM ODER „FRISCH GESTRICHEN"

Beispiel für die rechtlichen Grenzen des Guerilla Marketings

In hundertfacher Auflage konnten die Züricher in ihrer Innenstadt diesen Warnhinweis auf beinahe überall angebrachten Schildern lesen. Da scheint ein Malerunternehmen ziemlich beschäftigt gewesen zu sein, konnte man auf dem ersten Blick annehmen. *„Frisch gestrichen!"*, hieß es an Straßenlaternen, Fahrstuhltüren, Parkbänken und vielen weiteren Orten, die alle eines vermissen ließen – nämlich die frisch angebrachte Farbe. Erst als man sich Schildern näherte (jetzt kommt wieder das Kleingedruckte) erkannte man den eigentlichen Hintergrund: *„Halbieren Sie mit dem Halbtax-Abo für 190 Euro pro Jahr ab sofort unsere Preise. Schauspielhaus Zürich."*

Und dieses Schauspiel hat es scheinbar faustdick hinter seinen Guerillero-Ohren, da es für eine vorangegangene Aktion bereits eine Abmahnung erhielt. Damals hatte es ein Dutzend schwarze Styropor-Löwen in der Stadt verteilt. Bei der *„Frisch gestrichen!"*-Aktion hofften die Guerilleros des Schau-

174

spielhauses darauf, dass die Polizei den Spaß eher hinnehmen würde als die Styropor-Löwen, doch weit gefehlt. Der Pressesprecher der Stadtpolizei teilte mit, Werbung auf öffentlichem Grund sei illegal, man ermittle bereits und habe den Fall außerdem an das Stadtrichteramt weitergeleitet. Und dort wird entschieden, ob es eine Geldstrafe geben wird.

„Knecht Ruprecht, alter Gesell, hebe die Beine und spute dich schnell."

Einer war aber nicht schnell genug. Ein Nikolaus wurde von einer Eventagentur in München auf Promotion-Tour geschickt, er sollte Geschenke an Geschäftsführer potenzieller Kunden verteilen. Nach getaner Arbeit wollte er – zwar völlig gesetzestreu, aber auf für Nikoläuse ganz untypische Art – seine Geldbörse am Geldautomaten einer Sparkasse auffüllen. Als er in voller Montur und dem obligatorischen Sack auf dem Rücken die Bank betrat, wurde er erst einmal als vermeintlicher Bankräuber verhaftet.

Image-Schaden durch Infiltration

Auch so kann Guerilla-Marketing nach hinten losgehen: Das US-Magazin „The Consumerist" deckte eine Internet-Marketing-Kampagne auf, die mit positiven Meinungen zu Nvidia-Produkten in Fachforen den Umsatz steigern sollte. Das Dumme war nur: Die so positiv auf Nvidia reagierenden Forennutzer waren in Wirklichkeit Mitarbeiter einer Viral-Marketing-Agentur. Jeder davon erstellte Dutzende von Forenidentitäten, um möglichst breitflächig Stimmung für Nvidia-Produkte zu machen.

Auch wenn die Angelegenheit noch nicht vollständig aufgeklärt wurde, eines steht bereits fest: Die Verärgerung der Nvidia-Kunden, die in diesen Foren getäuscht wurden, wird noch eine ganze Weile anhalten.

Ex-Guerilleros verstehen keinen Spass

Das durfte eine Berliner Studentin der Informationsgestaltung am eigenen Leib erfahren. Sie schlug ihrem Professor vor, mal eine reale Kampagne für eine reale Nichtregierungsorganisation durchzuführen. Dabei sollte es sich um eine Aktion für die Berliner Suchthilfe handeln. Die Guerilla-Marketing-Idee, die den Bekanntheitsgrad der Suchthilfe steigern sollte war auch schnell gefunden: 400 Plakate im Stil der Werbung von Apple für seinen Mp3-Spieler iPod sollten in Berlin geklebt werden. Motto: *„Nicht alle Drogen sind so harmlos wie Musik.“*

Man rechnete damit, dass sich Apple beschweren würde, die Presse sollte vorab informiert werden, und schon hätte man die Aufmerksamkeit erreicht, die man haben wollte. Aber irgendwie kam dann doch alles anders. Denn plötzlich hatte das Unternehmen, bei dem die Studenten die Plakate zum Kleben abgaben, zwei verschiedene Plakate auf dem Tisch. Und weil sich der Firmenchef das nicht erklären konnte, rief er beide Seite an. Die Studenten – und Apple.

Dort eskalierte die Sache dann. Alle europäischen Apple-Niederlassungen riefen bei der Berliner Suchthilfe an, und schließlich bekam auch die Firmenzentrale in Kalifornien Wind von der Sache. Die schaltete einen deutschen Anwalt ein und untersagte das Aufhängen der Plakate mit Androhung einer Vertragsstrafe von 5.000 Euro. Außerdem könnte es zu einem Prozess kommen und dann würde man sich über Millionen unterhalten. Das war der Suchthilfe wohl doch etwas zu viel und so wurde die Kampagne abgeblasen. *„Mensch Steve“*, schrieb anschließend die Studentin an den Apple-Chef Steve Jobs, *„früher warst du doch ein Pirat, und heute benimmst du dich wie die Navy.“*

5.7.2 Guerilla Marketing und Recht

Auch wenn eine Idee noch so kreativ und originell ist, können sich, wie gelesen, trotzdem erhebliche negative Schäden daraus ergeben. Meistens leidet das Unternehmensimage, immer häufiger werden drastische Geldbußen angedroht oder sogar ausgesprochen. Das hängt zum einen sicherlich mit Schwächen in der Vorbereitung zusammen. Andererseits treten immer mehr Schutzmechanismen in Kraft, die der sprunghaften Zunahme von Guerilla-Marketing-Kampagnen, insbesondere im öffentlichen Raum, Einhalt gebieten sollen. Auch das Beispiel Fußball-WM zeigt recht deutlich, dass die Veranstalter solcher Großereignisse um ihre Sponsoring-Pfründe fürchten und sich dementsprechend mit ganzen Heerscharen von Anwälten schützen wollen.

Schaden für das Unternehmensimage und Geldbußen

Natürlich ist das auf der einen Seite nachvollziehbar, schließlich wäre ohne Sponsoring-Einnahmen die Finanzierung solcher Großveranstaltungen gar nicht möglich. Dennoch wird allein aufgrund von restriktiven Maßnahmen Guerilla Marketing nicht verhindert, sondern nur noch kreativer.

Mit Guerilla Marketing haben kleinere Unternehmen ein Loch in der Mauer gefunden, durch das sie mit flexiblen und originellen Aktionen eine bis dahin für sie nur schwer und nur mit großem Aufwand erreichbare Adressatengruppe auf der anderen Seite kaufentscheidend ansprechen können. Dieses Loch jetzt einfach rechtlich zukitten zu wollen, wäre banal und wirtschaftspolitisch völlig falsch. Wenn durch Guerilla-Marketing-Aktionen die wirtschaftlichen Interessen anderer weder behindert noch beeinträchtigt werden, ist eine Stigmatisierung dieser Marketingvariante weder angebracht noch angemessen.

LITERATURVERZEICHNIS

Geisbüsch, Hans-Georg: Marketing, 2., völlig überarb. und erw. Aufl., Landsberg/Lech 1991

Graf, Achim: „Werbung aus dem Hinterhalt", NRZ, 19. März 2005

Greber, Thomas: Marketing für Kleinunternehmer, Freiberufler und Selbständige, Landsberg/Lech 1999

Herbst, Dieter: Public Relations, 2., aktualisierte Aufl., Berlin 2003

Kotler, Philip/Bliemel, Friedhelm: Marketing Management: Analyse, Planung, Umsetzung und Steuerung, 8., vollst. neu bearb. und erw. Aufl., Stuttgart 1995

Langner, Sascha: Virales Marketing – Wie Sie Mundpropaganda gezielt auslösen und Gewinn bringend nutzen, Wiesbaden 2005

MacDonald, Malcom H. B.: Der Marketingplan: Die Grundlage für Ihren Erfolg, Wien 1991

Manz, Klaus: Guerilla Marketing – Idee statt Budget, handwerk magazin 10/2004, S. 44–46

Meffert, Heribert: Marketing, Grundlagen der Absatzpolitik; 7., überar. u. erw. Aufl., Nachdr., Wiesbaden 1991

Mencke, Marco: 99 Tipps für Kreativitätstechniken, Berlin 2006

Münch, Richard: Dialektik in der Kommunikationsgesellschaft, Frankfurt a.M. 1991

Patalas, Thomas: Guerilla Marketing und politische Wahlen, ebook, www.maks.info 2005

Schäfer-Mehdi, Stephan: Event-Marketing, 2. Aufl., Berlin 2005

Scheuch, Fritz: Marketing leicht gemacht: Warum gibt es keine Schnitzel bei McDonald's?, Wien 1999

Schierenbeck, Henner: Grundzüge der Betriebswirtschaftslehre, 10., völlig überarb. u. erw. Aufl., München, Wien, Oldenburg 1989

Schulte, Thorsten / Pradel, Marcus: Guerilla Marketing für Unternehmertypen, Wissenschaft & Praxis 2006

Westwood, John: 30 Minuten für den erfolgssicheren Marketingplan, Offenbach 1998

Wöhe, Günter: Einführung in die Allgemeine Betriebswirtschaftslehre, 19., überarb. Aufl. / unter Mitarb. von Döring, Ulrich, München 1996

Zerr, Konrad: Guerilla Marketing in der Kommunikation: Kennzeichen, Mechanismen und Gefahren, in: Kamenz U. (Hrsg.), Apllied Marketing, Berlin u.a. 2003, S. 583ff

STICHWORTVERZEICHNIS